U0026071

經典印度咖哩食譜

主 廚 精 研 重 現 道 地 辛 香

稻田俊輔 — 著　黃嫣容 — 譯

作為前言

「咖哩到底是什麼樣的料理呢？」

說到「咖哩」，大家的腦海中會浮現出什麼樣的料理呢？

在前一陣子或是更久之前，說到咖哩的話大多會想起加入切塊馬鈴薯和紅蘿蔔的「家庭式咖哩」，或是將肉類和蔬菜加入滑順的醬汁中燉煮入味、專賣店中會端出來的「歐式咖哩」才是大家印象中的咖哩。不過，最近對於咖哩的認知應該更加廣泛了。印度或尼泊爾等南亞地區的咖哩、以泰國咖哩為代表的東南亞咖哩，以及以這些咖哩為基礎發展出來的日式香辛料咖哩等，各式各樣的咖哩充滿在巷弄之間。

這些咖哩真要說起來，印度就是其根本中的根本。而對於印度咖哩，我經常聽到有人這麼說。

「印度其實沒有稱為咖哩的料理喔！」

但又同時會聽到這種說法。

「在印度會把幾乎所有可能的食材做成咖哩。」

這兩種說法，乍看之下會覺得有點矛盾，但其實硬要說起來，好像也不是。

在印度，幾乎所有料理都會加進某些香辛料，沒有例外。加得比較少的料理會用到2、3種，多一點的料理有時會加入超過10種，而且香辛料的搭配也各有不同。也就是說會配合食材和料理方式，使用香辛料一一調配出不同的配方。因此，印度必定會產生出許多不同的香辛料料理。原本將這些料理統稱為「咖哩（curry）」是源自西方世界的概念，但現在在印度也成為通用的稱呼。

不過再怎麼說那也只是便宜行事的「總稱」，其實每一種料理都有自己的名字。在這層意義上，也可說印度的確是沒有我們單純稱之為「咖哩」的這種料理。

最近街上多出不少印度料理店。那些店家的菜單中羅列出了許多不同種類的咖哩。有雞肉咖哩、奶油雞肉咖哩、絞肉咖哩、羊肉咖哩、蔬菜咖哩等。也許有些人會因此認為：「原來如此！所謂印度有很多種不同的『咖哩』就是這個意思！」但這個認知其實只能算是對了一半。

各位知道理由是什麼嗎？其實在印度各式各樣的咖哩中，那也只是小範圍中極為少數的幾種而已。而這些咖哩有一共同點，就是「在日本人眼中很有咖哩感的咖哩」。

日本人本來就很喜歡咖哩。日本的印度料理店中提供的選項，只有和日本人從以前就熟悉的「家庭式咖哩」、「歐式咖哩」等類似的咖哩。而且他們會努力地將這些料理稍作變化以更接近日本人的喜好。正因如此，也可以說印度咖哩在日本意外順利地被客人所接受了。

本書的內容，首先會在第1章中介紹這些「對日本人來說很咖哩的咖哩」。像是雞肉咖哩、絞肉咖哩等，主要先讓大家能從零開始學會做出這些多數人聽到「印度咖哩」時腦海中會浮現的料理，邊做邊熟記製作印度咖哩時必須具備的基本技術。

在第2章中，特意不局限在「對日本人來說很咖哩的咖哩」，主要介紹「正因為是印度才有的特色咖哩」。印度是個有很多蔬食主義者的國家，所以其實印度咖哩的變化款中，絕大多數是完全不使用肉類或海鮮，只用蔬菜和豆類製作而成的。也因此在這個篇章中會有很多所謂的「蔬食咖哩」。

在第3章中會介紹只有在餐廳才會出現的咖哩料理。到第2章為止登場的咖哩主要都是沿續印度傳統食譜脈絡而製作。相對於前面篇章的內容，這個章節中介紹的咖哩，是近代以後在印度料理餐廳中孕育而生的，使用了只有專業師傅才知道、稍微特殊的技巧。雖說是特殊技巧，但也有一些在日本的印度料理店中也很普遍的作法。在這層意義上，要說本章節中介紹的料理才是日本人平常最習慣、親近的那種印度咖哩應該也不為過。另外，同時也會介紹在日本意外地很少見，被稱為接近宮廷料理等級、更加高級一些的咖哩。

第4章則是介紹可以和咖哩一起享用的巴斯馬蒂香米飯、烤餅等主食，以及介紹能讓咖哩更加有趣美味的配菜料理。另外，雖然稍微要花一點時間，這裡也介紹2種正統的印度香飯，還有簡單但滋味豐富的印度特有甜點。請透過本章節了解更多除了咖哩之外的印度料理魅力，讓煮咖哩的日子，餐桌上的風景能更加華麗熱鬧。

在本書中廣泛地收錄了從大家很熟悉的印度咖哩到在日本很少見的料理。若說到這些料理的共同點，或許大家會感到有些意外，但只要將食材原有的滋味提引出來，就是這些料理美味的關鍵。

或許有些人對印度料理的印象，就是盡可能加入大量味道強烈的香辛料的料理。但這並不是正確的認知。

在本書的食譜中，有大量使用多種香辛料、味道較刺激的料理，也有刻意減少香辛料用量、滋味清爽的料理。但不管在哪一道料理中這些香辛料最重要的任務，除了襯托出食材本身的滋味之外就沒有別的了。肉類、海鮮、蔬菜，透過將這些食材和香辛料一起調理，這些原本就很熟悉、身邊常見的食材所擁有的嶄新魅力，應該會隨之更加鮮明地呈現出來。讓各位為食材的變化感到驚訝，正是本書的最大目的。

稻田俊輔

CONTENTS

第3章

不為人知的專業技巧

餐廳等級的印度料理

第4章

印度的單品料理

I 基本食材與處理方法

洋蔥

洋蔥是幾乎在所有咖哩中都會拿來當作基底的食材，能讓咖哩產生甜味與濃郁的滋味。而洋蔥也會因為切法或加熱調理的方法不同，產生出清爽不膩口、濃郁醇厚、脆硬、柔軟滑順等不同口感，為各種咖哩賦予其特色。

① 切成碎末

- 不用特別仔細地切得非常細碎。只要切成大小不太一致的「粗末」即可。
- 將切成碎末的洋蔥充分地拌炒並蓋上鍋蓋加熱，就能提引出自然的甜味和黏稠感。
- 如此能做出比較柔軟滑順的咖哩。

更有效率的洋蔥切法

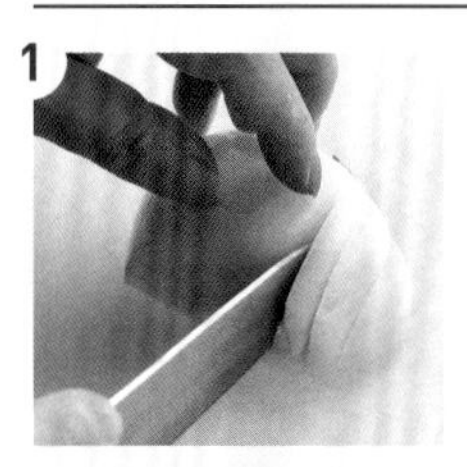

1 將洋蔥縱向切半，每間隔約7～8㎜切一刀。不用太仔細也沒關係。洋蔥的根部先不要切除。

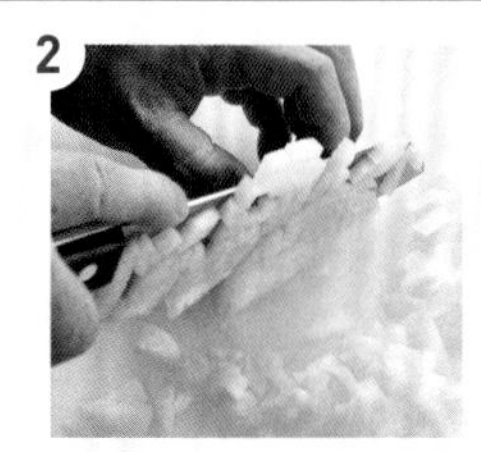

2 將洋蔥轉90度後從末端開始切。沒有切得很細或者大小不一也OK！

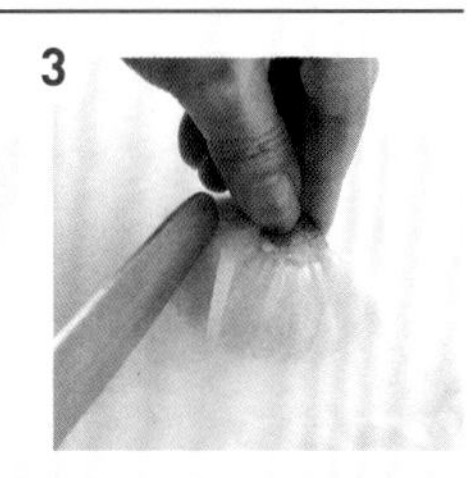

3 快切到根部時會比較難切，這時將洋蔥倒過來（根部朝上），每隔約1㎝切一刀。

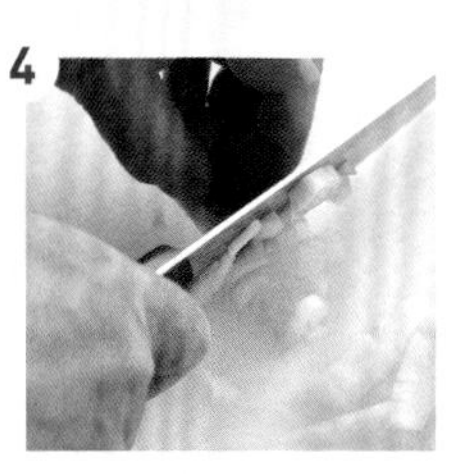

4 從末端開始切。

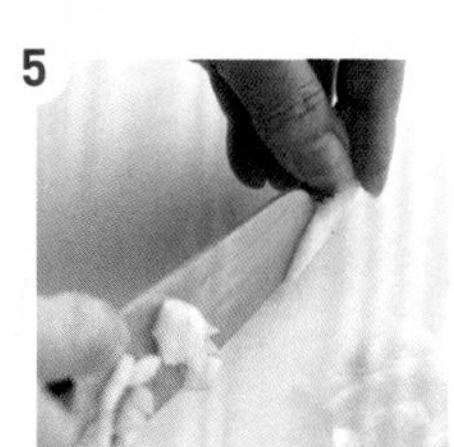

5 再將根部剩餘處的洋蔥大略切碎。

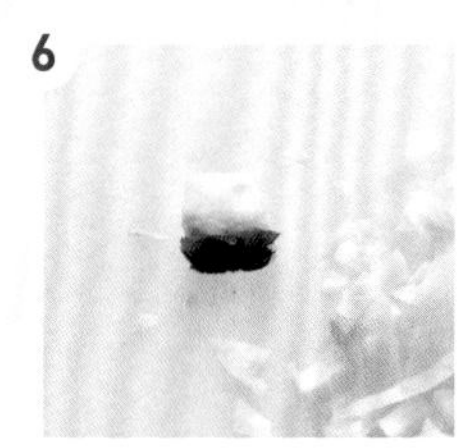

6 如此一來就能漂亮地只留下根部！

②「喀拉拉」切法

❀ 像這樣將洋蔥切成粗粗短短的切法，在日語中並沒有相對應的說法，所以印度料理研究家的香取薰老師就為這種切法命名為「喀拉拉」切法。

❀ 這個切法可以輕鬆快速將洋蔥切好，在印度也是最普遍的切法。尤其在命名緣由、南印度的喀拉拉邦更是經常使用。

❀ 一般會快速拌炒後留下洋蔥的口感，但花較長的時間將洋蔥充分燉煮至軟爛的話，也能夠做出口感柔軟滑順的咖哩。

切法說明

1

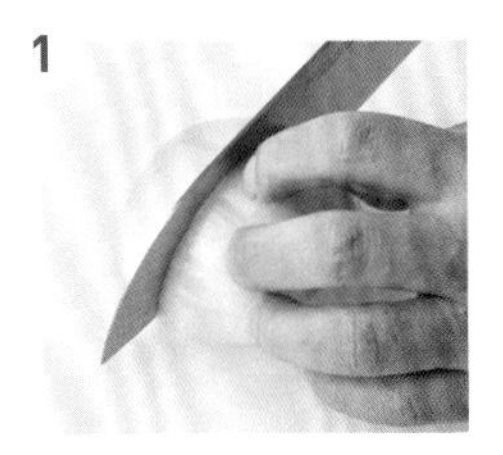

將洋蔥縱向剖半，接著再橫向剖半。

2

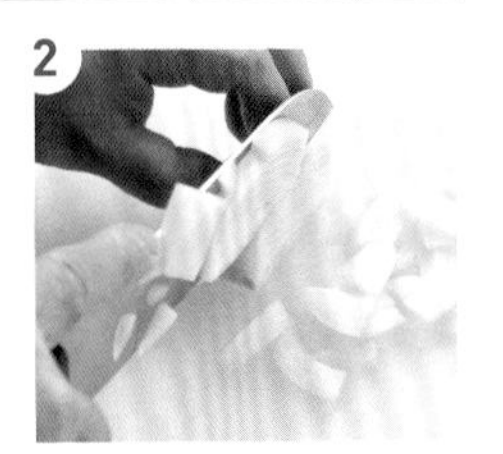

將洋蔥方向轉90度，從末端開始切片。

③炸洋蔥

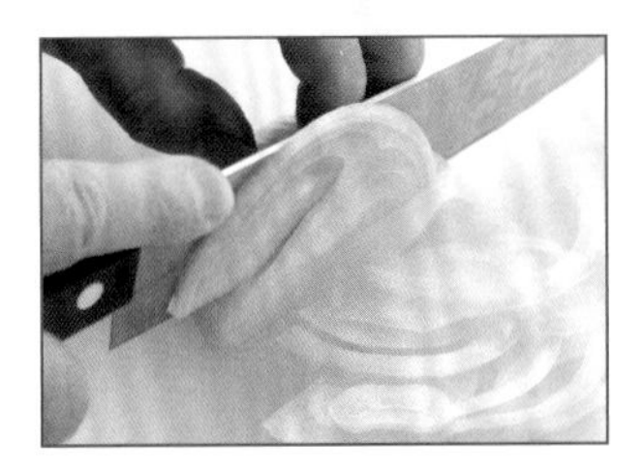

❀ 以能將纖維切斷的方向將洋蔥切成薄片，以大量油拌炒加熱。

❀ 持續加熱水分會逸散，最後洋蔥會變成像油炸過一般。這就是印度料理中使用的炸洋蔥。

❀ 這個作法能使洋蔥充滿強烈香氣並將鮮甜味凝縮，很適合拿來製作濃郁醇厚類型的咖哩。

④ 水煮洋蔥泥

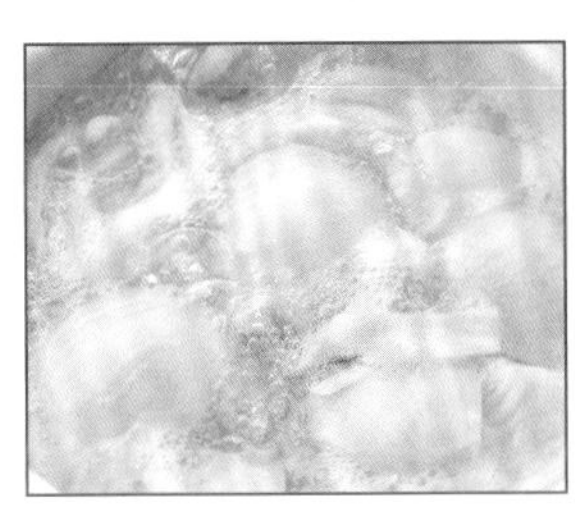

❀ 將切成大塊的洋蔥用剛好能蓋過洋蔥分量的水充分燉煮到變得軟爛，煮好後使用調理機等攪打成泥狀。

❀ 在印度料理中經常使用，可說是專業廚師會用的技法。可以用洋蔥泥為基底預先做出通用的咖哩醬汁。

❀ 只要準備好這款洋蔥泥，就可以在短時間內做出柔軟滑順且有黏稠感的咖哩。

番茄

番茄能為咖哩增添自然的鮮甜味與酸味，其功用好比一般料理中的高湯。在咖哩中不僅會使用新鮮番茄，也會用到各種番茄加工品，而本書中收錄的是其中基本的3種。

① 新鮮番茄

使用生番茄。會切成小塊後和洋蔥等食材一起拌炒，或是將切成半月形的番茄在燉煮食材時一起加入。

❈ 不管做什麼料理，一般來說番茄會在調理過程中煮到完全崩散，最後會幾乎看不出番茄的形狀，但有時候也會刻意以短時間加熱留下番茄的形狀。

❈ 充分活用新鮮食材的風味，在製作較清爽的咖哩時大多會使用生番茄。

本書中常用的切法：切成小塊

1

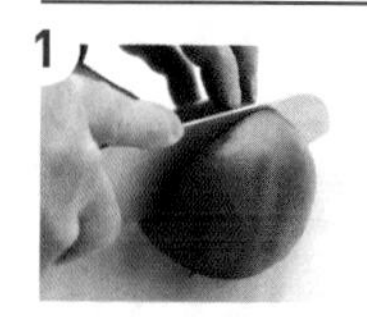

將番茄縱向切成一半。

2

切除番茄底部有點尖尖的部分後再切除蒂頭。

3

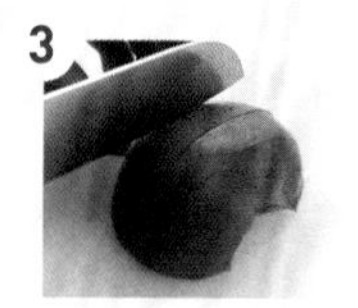

將切面朝下放好，每間隔約1cm就切一刀。

4

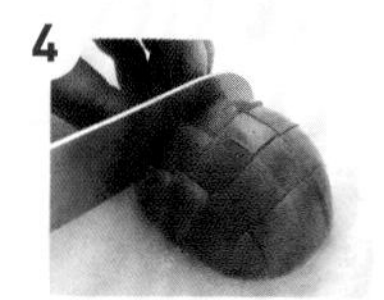

將番茄方向轉90度，同樣每間隔約1cm就切一刀。半個番茄大約切成4×4或4×6塊狀。形狀、大小不一也沒關係。

② 番茄糊

❈ 將番茄熬煮成泥狀的產品。一般家庭的話建議選用容量100g、密封袋裝的番茄糊。用剩的話也可以冷凍保存。

❈ 主要是在燉煮的步驟中和水之類一起加入。

❈ 即使只花短時間燉煮也能做出滑順、濃縮的感覺，最適合用來製作要充分燉煮且注重醇厚感的咖哩。

③ 水煮番茄罐頭

❈ 可說是介於新鮮番茄和番茄糊之間的產品。基本上用水煮番茄罐頭沒有什麼特別的優點。而且因為帶有獨特的酸味和番茄罐頭特有的味道，必須花上一段時間充分燉煮來中和此特性。

❈ 但反過來說，不管是新鮮番茄或是番茄糊，都可以用水煮番茄罐頭來代替。代換的時候請以下方公式換算。

ⓐ 番茄糊100g➡水煮番茄罐頭160g　ⓑ 新鮮番茄100g➡水煮番茄罐頭80g

❈ 建議使用切碎番茄罐頭（要過濾），但也可以選用整顆番茄的罐頭，將番茄壓碎後使用。塊狀番茄的水煮罐頭煮到最後還是比較容易留下番茄本身的形狀，所以不建議使用。

蒜頭、薑

這是在製作咖哩時非常重要的香料蔬菜。和香辛料一起才能呈現出僅有咖哩才有的香氣，要比喻的話也可說是主要食材和香辛料之間的媒介。此外，蒜頭也能讓料理更添濃醇感與增加鮮味。這兩種皆是會因切法和加熱方式不同而讓滋味大大改變的食材。

① 蒜薑泥

在印度料理中，大多會同時使用同等分量的蒜頭和薑，所以會事先用調理機將兩者一起絞碎成泥狀，做成蒜薑泥常備使用。在用調理機攪打時可以加入一些水，讓做出來的蒜薑泥變得更加滑順。

❁ 事前準備好蒜薑泥，不只能讓製作咖哩的流程變得順暢，還能讓最後完成的口感更加柔軟滑順，也有能在事前調味等階段就讓食材更加入味等好處。

❁ 事前一次大量製作後攤平放入冷凍保存更方便，冷凍後風味不減。

❁ 沒有調理機等工具時，可以手動磨成泥，或將蒜、薑切至細碎來代替。

作法

1

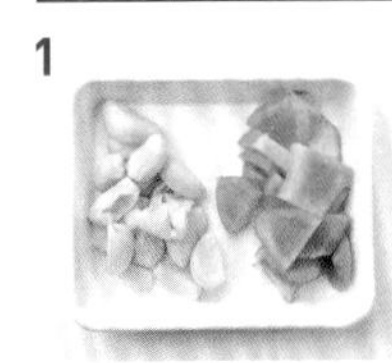

大蒜去皮後用菜刀壓碎。薑不需去皮，直接切成薄片即可。

2

將大蒜和薑各取50g和100g的水一起放入調理機攪碎。

② 切成碎末

❁ 如果只單獨使用蒜頭或薑其中一種的話，這是最基本的切法。切得太薄的話會讓風味變淡，建議切成粗末即可。

❁ 將蒜頭切成粗末，就可以用油煎烤來提引出蒜頭的香氣。

❁ 把薑切成粗末的話，不只能享受香氣，更能為口感和滋味增添變化。

③ 其他

❁ 有些作法也會花長時間將一整個蒜頭燉煮到完全軟爛、看不出原來的形狀。

❁ 為了在燉煮時增添香氣，有些作法會加入薑片。或是把薑切成細絲並稍微用水洗過，在最後擺盤時當作配料加入料理中也有增添香氣的效果。

❁ 用市售的軟管裝蒜泥、薑泥等代替蒜薑泥也不是不行，但軟管裝的商品會帶有較特殊的強烈味道，必須充分拌炒消除那種味道。

Ⅱ 印度咖哩的香辛料

4種最基本的香辛料

在這裡向大家介紹可說是製作咖哩最基礎的4種香辛料。
幾乎不管哪一種咖哩都會用到。

① 香菜籽粉

帶有能讓人聯想到柑橘類的清爽香氣。本身的香氣沉穩，扮演著整合所有香辛料的角色。

② 孜然粉

其華麗的香氣可說是代表印度咖哩的主角。也能為咖哩的滋味更增添醇厚感。

③ 卡宴辣椒粉

擔任咖哩中不可或缺、負責帶來辣味的角色，能讓咖哩產生香氣與偏紅的色澤。

④ 薑黃粉

呈現鮮豔的黃色，可說是咖哩的基底，能做出會讓人聯想到大地香氣的濃厚風味。

4種各具特色的重要香辛料

不論哪一種都很有特色，是非常重要的香辛料。
使用上述4種基本的香辛料再加上這幾種，就能調配出非常有咖哩感的豐富香氣。

⑤ 小荳蔻

帶有高貴清爽的香氣。也被稱為「香辛料中的女王」。

⑥ 丁香

帶有充滿甜味的濃厚香氣。是風味最濃烈的香辛料之一。

⑦ 黑胡椒

發揮本身特殊的香氣之外，也能襯托出各種食材的萬能香辛料。

⑧ 肉桂

混合了香辣刺激與甘甜的特殊香氣，能為料理增添更有深度的滋味。

關於「葛拉姆瑪薩拉（Garam Masala）」

這是一種將製作咖哩時不可或缺的香辛料混合在一起的綜合香料。尤其是像左頁中⑤～⑧這些特色強烈的香辛料，很難將每種香料的比例調配平衡，所以大多會使用將香辛料調配出良好比例的葛拉姆瑪薩拉。反過來說，只要有①～④的基本4種香辛料再加上葛拉姆瑪薩拉，所有的基本咖哩大概都能做得出來。

在此為大家介紹3種準備葛拉姆瑪薩拉的方法。

Ⓐ 購買市售的葛拉姆瑪薩拉

這是最簡單的方法。但因製作廠商或品牌不同，其成分與風味也會大不相同。在此推薦在比較容易購買到的產品中，較方便使用的葛拉姆瑪薩拉。

S&B 葛拉姆瑪薩拉

以小荳蔻和黑胡椒為主體、氣味清爽的葛拉姆瑪薩拉。風味和下述介紹的自製葛拉姆瑪薩拉有點類似。但這個產品中含有辣椒，所以可能必須依照想做的咖哩加以調整辣度。

MASCOT 葛拉姆瑪薩拉

肉桂和丁香的香氣突出，帶有濃厚但傳統的滋味。在印度也可說是標準款香料。但若只用這款香料，或許會覺得氣味太過特殊也不一定。

Ⓑ 混合多種香辛料粉的製作方法

材料

孜然粉	8g
香菜籽粉	8g
小荳蔻粉	8g
黑胡椒粉	8g
丁香粉	4g
肉桂粉	4g

作法

將所有香辛料粉混合後放入容器內密封，放置於陰涼的地方保存。

＊能做出比市售品香氣更強烈、更爽口的葛拉姆瑪薩拉。

Ⓒ 將多種香料顆粒攪打成粉狀的製作方法

材料

孜然籽	8g
香菜籽	8g
小荳蔻籽（連同豆莢）	8g
黑胡椒粒	8g
丁香	4g
肉桂棒	4g

作法

1 將全部材料放到加熱的平底鍋中稍微乾煎約1分鐘。切記千萬不要過度加熱。此步驟並非要乾煎到上色，只是為了炒乾香辛料所含的少許水分，讓後續磨成粉末時方便作業。

2 將乾煎後的香辛料在淺盤等容器內攤平放涼。在放涼的過程中讓水分更加逸散。不過如果是使用剛開封的新鮮香辛料，省略到目前為止的步驟也沒有問題。

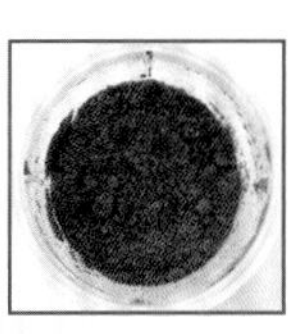

3 將2的香辛料用電動食物調理機等絞碎。沒有完全攪打至細緻粉末狀也沒關係，略帶粗磨的顆粒感也很不錯。尤其是小豆蔻的豆莢攪打後會呈纖維狀，雖然比較容易殘留，但直接使用也沒關係。如果還是很在意可以過篩後再使用。

Inada's Voice

本書所介紹的食譜是以使用Ⓑ或Ⓒ的自製葛拉姆瑪薩拉為前提設計，不過也可以用Ⓐ的市售品來替代。

不過，只要嚐過一次自製品，尤其是Ⓒ的美味，從此以後可能都不會再用其他的香辛料了……。自製葛拉姆瑪薩拉就是有如此魅力！請務必嘗試看看！

葛拉姆瑪薩拉或其他綜合香辛料，也有很多其他不同的組合配方。關於這些香辛料會分別在咖哩的食譜中介紹。

Ⅲ 製作印度咖哩的4個基本技巧

～完成美味咖哩的訣竅～

加熱萃取香氣

首先透過在油中加熱的步驟
萃取出香辛料的香氣

- 在加熱的油中放入香辛料（原形）加熱。將香辛料的香氣轉移到油中，顆粒較小的孜然籽或芥末籽等香辛料也能發揮本身的特殊香氣。

- 大多數情況會在剛開始料理時進行加熱萃取香氣的步驟，但孜然籽等香辛料有時候也會另取別的鍋子調理，在咖哩完成的最後步驟時再加入。

- 油溫沒有加熱到190℃以上就無法順利地萃取出香氣。另外，如果加熱太久就會燒焦，香氣也會流失。尤其是油溫若超過220℃，香辛料更是會瞬間燒焦。所以最重要的是必須不斷確認顏色和香氣，同時也要掌握時間和溫度。為了能夠精準掌握，準備好紅外線測溫器會比較方便。

- 加熱萃取香氣後馬上加入洋蔥等含有水分的食材，讓油的溫度瞬間下降，避免因為餘熱使香辛料加熱到燒焦。

將芥末籽加熱萃取香氣的訣竅

在加熱萃取香氣時，若沒有充分加熱到讓芥末籽在鍋中劈啪作響並裂開就沒有意義了；不過加熱過頭而燒焦會使芥末籽的風味盡失、所有工夫都白費，所以此步驟要稍微嚴加注意溫度和時間點。溫度範圍約控制在190℃～220℃，低於這個溫度範圍芥末籽就不會裂開，但溫度過高又會在短時間內燒焦。

食材 memo

【芥末籽】

▶ 在尚未加熱的狀態下磨碎會產生辣味，但在印度料理中（尤其是南印度料理），重點是要在加熱萃取香氣的步驟讓芥末籽劈啪作響並裂開，使之產生如堅果類拌炒後的香氣。順帶一提，這個狀態下的芥末籽辣味會完全消失。

作法

1 將芥末籽和油一起放入鍋中（**a**）。選用深一點的鍋子，芥末籽比較不會因受熱而彈出鍋外。

2 開中火加熱。如果用小火的話油溫會無法上升，反而沒有意義。過一陣子後芥末籽的周圍會開始出現小小的氣泡。到目前為止的狀態都跟其他香辛料種子一樣。

3 繼續加熱，芥末籽會開始出現一些劈啪聲響並開始爆裂（**b**）。和其他香辛料種子有些不同的是芥末籽要加熱至爆開後才會開始出現香氣。

4 隨著加熱時間增加、溫度上升，劈啪聲響會變得更加響亮（**c**）。此步驟要留意調整火候，別讓油溫過度升高（需低於220℃）。

5 鍋中的劈啪聲響會一下變得很響亮，但過後又會趨於平靜，聲量像是「山型曲線」。理論上在鍋中的劈啪聲完全停止時，就代表鍋中已經呈現「所有的芥末籽都已經爆裂」的狀態，但如果等到聲響完全停止，芥末籽很有可能會加熱到過焦。因此在聲響由最大聲開始轉小的瞬間就要馬上進到下個步驟讓油溫下降。以「有$\frac{2}{3}$的芥末籽爆開就夠了」的感覺來製作。

6 透過加入洋蔥等含有水分的食材讓鍋中的油溫一口氣下降，如此就不必擔心芥末籽會燒焦（**d**）。

❋ 在步驟**3**～**5**中，加熱後爆開的芥末籽有可能會彈出鍋外，要小心臉不要太靠近鍋子。此外，瓦斯爐周遭也會有油飛濺而出。因此等做過幾次掌握到訣竅後，在進行步驟**3**的時候蓋上鍋蓋也不失為一個辦法。

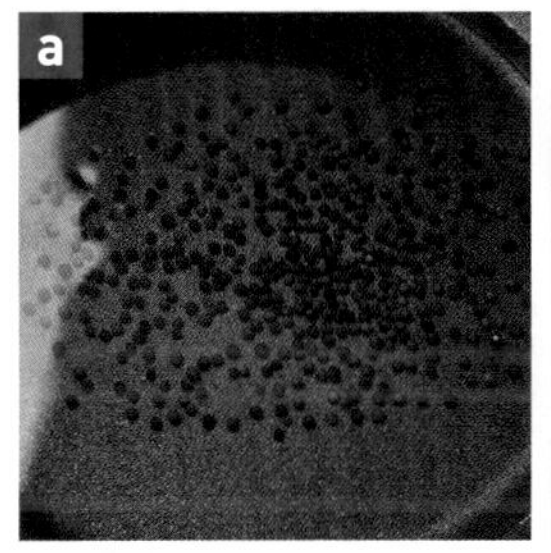
a

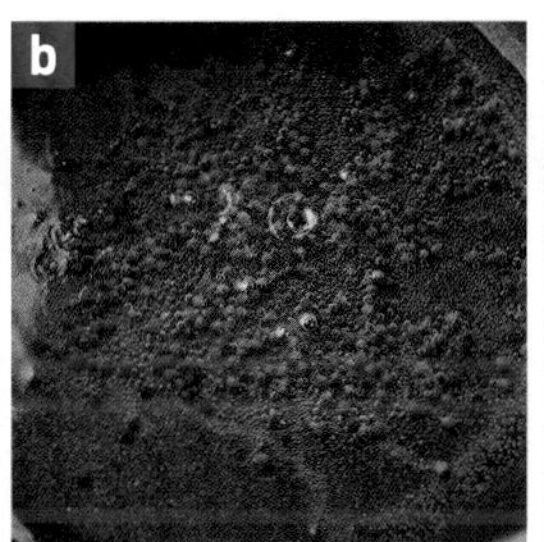
b

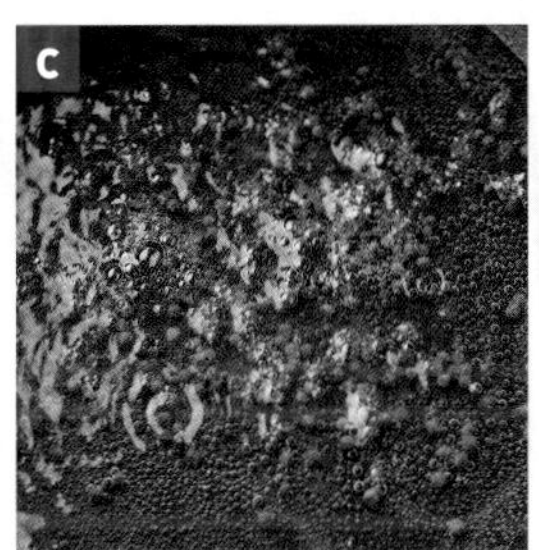
c

d

瑪薩拉

將油、香料蔬菜、
香辛料充分混合而成的瑪薩拉，
可以說是咖哩的基底

❋「瑪薩拉」這個詞在印度料理中有許多不同含義，有時候會用來指香辛料本身，或是混合過的香辛料等，但這裡所說的瑪薩拉是指將油、香料蔬菜、香辛料等一邊混合一邊加熱至完全融合在一起的調味料。瑪薩拉可說是咖哩的基底。

❋在完成「將香辛料加熱萃取香氣」步驟的鍋中加入洋蔥、蒜頭、薑等香料蔬菜拌炒，炒熟後加入香辛料繼續拌炒。有時候會在加入香辛料前先加入番茄等，其他步驟也會改變順序來操作。

❋訣竅是不論在哪一個步驟都要充分加熱到表面有油滲出。尤其若是使用粉狀的香辛料，香辛料原本是裝在瓶中，如同處在半睡半醒之間的狀態；以要透過熱度將這些香辛料「喚醒」的感覺充分加熱，讓香氣甦醒過來，並讓產生的香氣融入熱油中，才能催生出咖哩的滋味。

拌炒、燉煮

就本質來說，比起燉煮，印度咖哩更像是拌炒而成的料理

❋在做好的瑪薩拉中加入主食材的肉類等，以讓食材裹滿瑪薩拉的方式翻炒。透過這個步驟能讓食材表面充分加熱，並能將食材和瑪薩拉的味道融合，完成咖哩滋味的基本架構。

❋依照不同作法，有時會在這個階段中加入香辛料粉，或是事前將肉放入香辛料或優格等醃漬過後再加入。在這個作法中，也就會變成製作瑪薩拉和拌炒兩個步驟要同時進行，尤其最重要的是一定要充分拌炒。這時也是以拌炒至表面有油滲出為最終基準。

- 拌炒過後，就要進入在鍋中加入水分燉煮的步驟了。但因為咖哩的種類不同，有些咖哩是持續拌炒就能完成，也有不少咖哩則是只加入極少量的水燉煮——與其說是燉煮，不如說是燜煮比較貼切。

- 即使是要充分加入水分並長時間燉煮的情況，大多也只是為了不要讓食材燒焦而加入所需的最少水量。請先預設這個步驟中加入的水大部分都會在燉煮的過程中蒸發。最重要的是要有「印度咖哩是以拌炒的方式完成基本結構，再以燉煮來繼續加熱補足」的概念。

完成

附加一些元素能讓咖哩的滋味更有深度，還能做出更豐富的變化

- 瑪薩拉（＝油脂＋香料蔬菜＋香辛料）＋主要食材（＋水）可說是印度咖哩的基本構造。而在這之中加入各種不同的元素，就能讓咖哩的滋味更加多變。

- 優格或椰奶能為咖哩的味道帶來戲劇性的變化。為了不讓油水分離，有許多作法是在最後步驟才加入；但也有在剛開始燉煮時就加入，刻意讓液體產生分離的作法。

- 鮮奶油能輕鬆為咖哩增加醇厚且溫潤的滋味，是有點作弊的追加元素。加入腰果泥有能增加咖哩濃稠感的效果。但不論哪種如果不經考慮就隨意加入，反而會讓味道變得單調，可說是一把雙刃劍，所以在使用時要好好斟酌！

- 在最後完成階段中經常使用的還有香草植物或檸檬汁。尤其是香菜，是不管加在哪一種咖哩中都能讓美味程度更加提升的「萬用調味料」。乾燥的香草「葫蘆巴葉」也有同樣效果。檸檬汁則是能充分凝縮咖哩的滋味。

- 將咖哩盛入容器後在上方加入配料也很有效果。經常使用的有香菜、紫色洋蔥薄片、細薑絲、新鮮番茄、青辣椒片等，不論哪一種都能讓外觀和滋味更升級。

IV 必備用具、有準備會更方便的用具

電子料理秤

❋ 本書的材料表中，並不是以個數或大匙、小匙等方式標記，基本上都會寫出重量。因為不管是洋蔥或番茄，每種食材「1個」的重量或大小都不同，鹽或香辛料等也是指定重量的話比較不會有誤差。不過香辛料等如果太少量就會比較不好測量，這時候不論哪一種香辛料都能以「1小匙＝2g」來推算（雖然不能說香辛料分量只要大概就好，但也不需像鹽那樣精準）。

❋ 可使用一般料理秤，但如果有測量最小單位為0.1g且可以測量到2kg以上的料理秤，操作起來會更加方便。

❋ 比測量食材重量更重要的是測量完成後的重量。咖哩在燉煮的過程中蒸發了多少水分，對最後完成的狀態有極大的影響。本書中的食譜大多會標註完成時理想的重量。要盡可能地做出接近該重量的完成品，必要時在燉煮過程中加入水或是再稍微燉煮更久一點。也因為如此，必須要事前測量經常使用的鍋子並將重量記下來。因為要將調理中很高溫的鍋子放到料理秤上，也請準備軟木等材質的隔熱墊。使用如照片中這種附耐高溫矽膠隔熱層的電子秤也很不錯。

鍋子

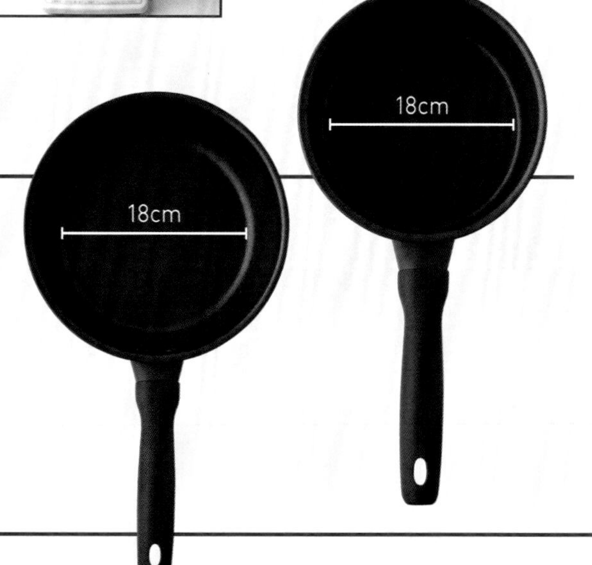

❋ 要做2人份的食譜時用直徑約18㎝的平底鍋，4人份的食譜時則比較適合使用18㎝且有深度的鍋子。至少有這兩種尺寸就可以了。

❋ 不需要特別挑選很厚的鍋子，但如果可以都選用有氟素樹脂塗層的鍋子會更好。

研磨機／攪拌機／食物調理機

- 雖然不是必備工具，但若是要製作蒜薑泥或自製葛拉姆瑪薩拉、椰奶等基本常用食材的話會非常方便。另外，本書中某些食譜要將腰果或菠菜打成泥加入，這時候也能派上用場。
- 我尤其推薦幾乎所有需要研磨的步驟只要有一台就能操作，實用度高且不會太貴的研磨機（Magic Bullet）。

其他＆有準備會更方便的用具

橡皮刮刀

製作咖哩時除了木製刮刀，也可以準備橡皮刮刀，不管要做什麼都很方便。在清洗用具時也會比較輕鬆喔！

計時器

掌握燉煮時間等時間控管也很重要。熟練製作方法之後應該會同時製作2、3種咖哩，所以多準備幾個也不會浪費。

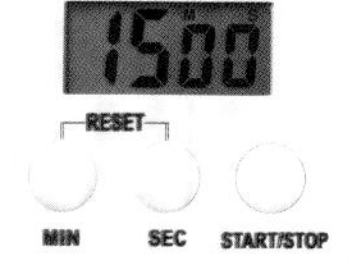

紅外線測溫器

為了成功通過最開始時的魔王關卡「加熱萃取香氣」，準備好測溫器就能更加安心。

本書的使用方法

在此介紹內容的架構，協助讀者更加活用本書。

牛絞肉茄子咖哩

BEEF KEEMA BAINGAN

這是一款在日本非常受歡迎的絞肉咖哩，但事實上在印度並不是大家很常食用的料理。除了和印度當地人喜歡有分量感且有口感的肉類有關之外，或許在印度，比起肉塊，絞肉被視為更為奢侈且昂貴的食材。絞肉大多會用在「印度烤肉串」這類稍微高級、用來款待客人的燒烤料理。

但可以輕鬆買到美味又便宜的絞肉的日本，沒有理由不拿來製作咖哩吧。肉類濃郁的鮮味能更輕易融入至整鍋咖哩中，這點也很符合日本人的喜好。

在印度當地，一般來說肉類咖哩的食材只有肉，蔬菜咖哩的食材也只會有蔬菜，但絞肉咖哩是個例外，通常會搭配某些蔬菜一起料理，這在某種意義上也很適合喜歡一次均衡攝取肉類和蔬菜的日本人呢。

作法只需要快速拌炒洋蔥，且絞肉能在短時間內就熟透，所以這是一道能夠非常輕鬆製作的食譜。由於絞肉咖哩即便少量也很容易製作，所以在這裡介紹的是2人份的食譜。如果對製作印度咖哩稍微熟練的話，同時製作2種以上的咖哩也會很有趣。在這種場合下，這會是一款很容易挑戰的第二道咖哩。

使用的香辛料相對較樸素簡單，在最後完成料理時加上優格和香菜，風味會瞬間變得更加豐富。

25

關於料理名稱

▷ 以當地的稱呼為基準，使用中文裡常用或比較容易理解的名稱，或是以料理的材料組成來表示，料理中文名稱下方為搭配使用印地語、英語的標示。

關於本文

▷ 總結介紹料理的背景與起源、吃法、以及稻田主廚的觀點等。只要讀過這裡的內容，就能夠充分理解印度料理的原始型態，以及這道料理是如何發展演變，自然而然地吸收印度料理的基礎知識。

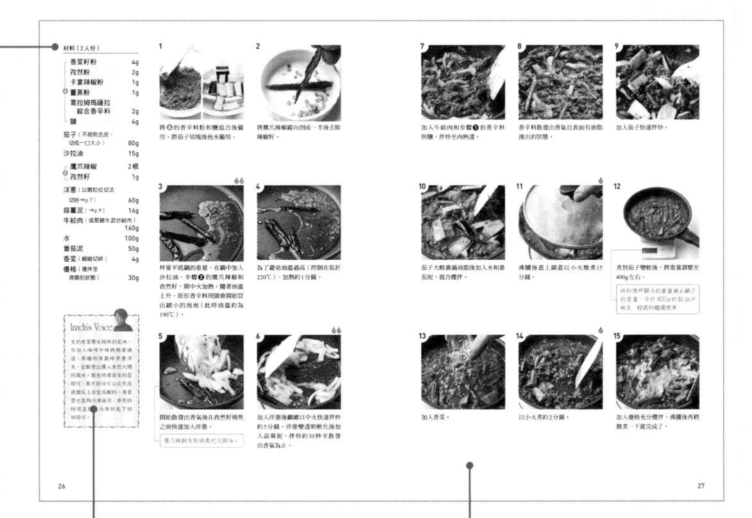

材料（2人份）

Ⓐ	香菜籽粉	4g
	孜然粉	2g
	卡宴辣椒粉	1g
	薑黃粉	1g
	葛拉姆瑪薩拉綜合香辛料	2g
	鹽	4g
	茄子（不規則去皮，切成一口大小）	80g
	沙拉油	15g
Ⓑ	鷹爪辣椒	2根
	孜然籽	1g
	洋蔥（以嚓拉拉切法切好→p.7）	60g
	蒜薑泥（→p.9）	16g
	牛絞肉（或是豬牛混合絞肉）	160g
	水	100g
	番茄泥	50g
	香菜（細細切碎）	4g
	優格（攪拌至滑順的狀態）	30g

關於材料表

▷ 基本上會以在食譜中出現的順序排列。

▷ 切法基本上會記載在材料表中，可以事先準備好。

▷ 所有材料都是記載「淨重」的重量（可食用的部分）。例如雞肉和洋蔥等要先去皮、番茄等要先切除蒂頭的食材皆為標示事前準備時切除不需要部分後的重量。

▷ 香辛料如果是使用粉末狀的話會標記為「粉」。

▷ 奶油使用「含鹽奶油」。

▷ 做好的咖哩可以依喜好搭配P.114～P121介紹的米飯、恰巴提薄餅或饢餅一起享用。

關於作法

▷ 依照製作的順序，搭配每個步驟的照片進行說明。

▷ 使用的用具、廚房和瓦斯爐等都有其各自的特性和使用技巧。本書標示之加熱的溫度、時間和火力僅為參考基準，請依照實際狀況調整。

▷ 咖哩最後完成時的重量，是從總重量中減去平底鍋或深鍋的重量來計算。因此，在開始做料理之前，請事先測量平底鍋或深鍋的重量並記下來。

▷ 放入冰箱時，請包上保鮮膜避免變得過乾。

▷ 步驟下方的註解框裡記載著了解後能幫助製作出更美味咖哩的關鍵技巧。

關於Inada's Voice

▷ 稻田主廚針對該料理的背景、製作時的訣竅和重點等想向讀者說明的內容。

第1章

基本款印度咖哩

任誰都喜歡的口味！

STANDARD INDIAN CURRY

正統雞肉咖哩

CHICKEN CURRY

以番茄和洋蔥為基底的基本款雞肉咖哩。

雞肉和其他肉類相比，所需的燉煮時間較短且含有豐富的鮮甜滋味，再加入洋蔥和番茄的鮮味，相輔相成便能做出加倍美味的料理。接著加入香辛料提引出更深層的美味，這就是此道雞肉咖哩的基本結構。在調味方面，不依賴高湯、肉汁或發酵調味料等是印度咖哩的特點之一。只用鹽也能輕鬆表現出風味的雞肉咖哩，是希望剛開始做咖哩的初學者能學會的咖哩之一。

這道食譜以其恰到好處的濃稠感、自然的風味和比例均衡的香料感為特點，在印度是經典的必備料理，同時也很符合日本人的喜好，能充分享受令人吃不膩且充滿安定感的美味。此外，也能透過此道咖哩能學習製作印度咖哩所需的基本技巧。

關鍵在於前半的拌炒過程，每次加入食材時都要充分加熱，直到表面有油脂滲出為止。但千萬不要炒到燒焦。抓準快要燒焦前的瞬間，能讓咖哩的滋味變得更加鮮明。

不過，比起擔心會炒到燒焦，稍微將火力調弱一點可能會比較好，在尚未熟練之前不要過度加熱。隨著經驗的積累、漸漸熟悉作法之後再大膽嘗試也很好。像這種簡單的料理，最重要的是多做幾次並提升自己的熟練度。請將此作為陪伴你一輩子的食譜！

材料（4人份）

A	香菜籽粉	8g
	孜然粉	4g
	薑黃粉	2g
	卡宴辣椒粉	2g
	紅甜椒粉	2g
	葛拉姆瑪薩拉綜合香辛料	4g
	鹽	8g
	沙拉油	60g
B	孜然籽	2g
	肉桂棒	1根（3g）
	月桂葉	2片
	洋蔥（切成碎末）	240g
	蒜薑泥（➔p.9）	32g
	雞腿肉（去皮並切成一口大小）	300g
	番茄糊	100g
	水	200g

Inada's Voice

紅甜椒粉可以說是「不辣的辣椒粉」。在這道食譜中將紅甜椒粉與辣味較強烈的卡宴辣椒粉搭配使用，就可以只強調辣椒的香味和顏色並呈現出恰到好處的辣味。特別喜歡辣味的人也可以將所有分量的紅甜椒粉用卡宴辣椒粉取代。反之，如果想要降低料理的辛辣感，可以將分量改為卡宴辣椒粉1g＋紅甜椒粉3g。

1

將Ⓐ的香辛料粉和鹽混合。事前秤量鍋子的重量。

2

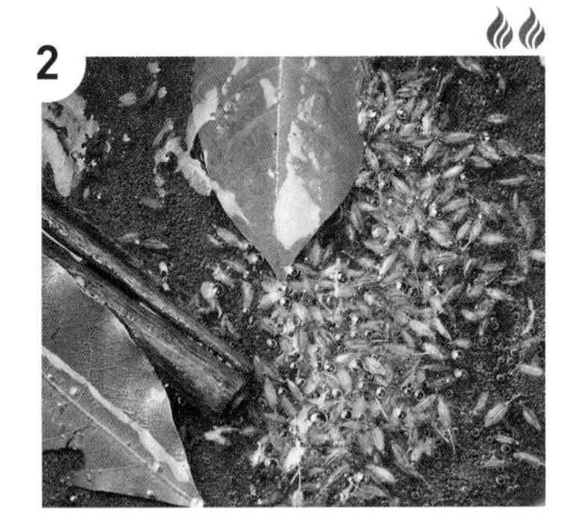

在鍋中放入沙拉油和Ⓑ的原形香辛料，開中火加熱。隨著油溫上升，原形香辛料周圍會開始冒出細小的泡泡（此時油溫約為190℃）。

3

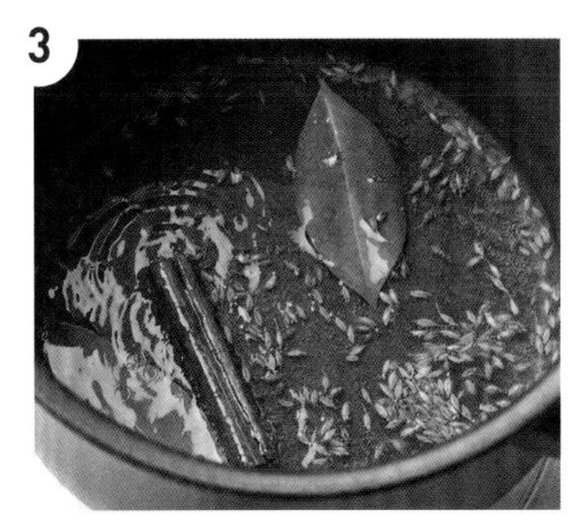

為了避免油溫過高（控制在低於220℃），加熱約1分鐘。

4

開始散發出香氣後，在孜然籽燒焦之前快速加入洋蔥。

月桂葉會轉變成褐色，但沒有關係！

5

保持中火繼續拌炒洋蔥。當鍋中整體都沾滿油脂並發出聲響時，蓋上鍋蓋並轉為小火。

6

繼續以小火邊炒邊燜煮約15分鐘。為了避免燒焦，要不時確認並攪拌。

7

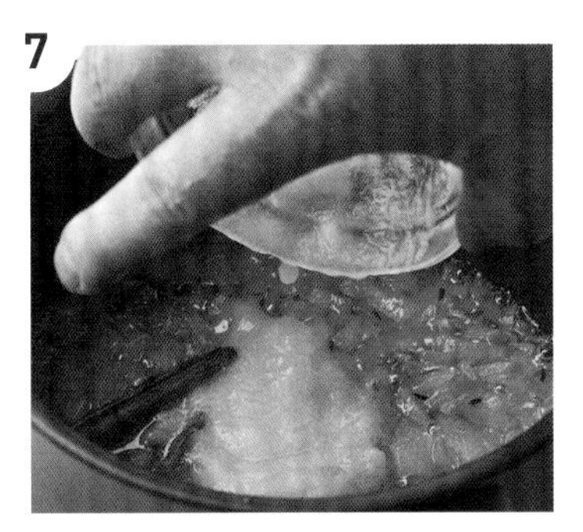

將洋蔥炒至略微上色、完全軟化後，加入蒜薑泥。

8

用中火拌炒至蒜薑泥散發香氣、表面逐漸滲出油脂，再加入步驟❶的香辛料和鹽。

9

繼續不斷拌炒，這時表面會再度浮出油脂。

10

加入雞肉，繼續拌炒。

11

雞肉表面開始變色，表面會再度浮出油脂。

12

加入番茄糊和水。

13

要不時從底部充分攪拌煮至沸騰。開始沸騰後就轉為小火並蓋上鍋蓋。

14

繼續燉煮15分鐘，先連同鍋子測量重量。

從量出的1404g中減去鍋子的重量619g，得出現在鍋中的咖哩為785g。

15

如果鍋中咖哩少於800g的話就補足水分，如果多於800g就不蓋鍋蓋再燉煮5分鐘。最後成品以多於800g為目標，但誤差範圍約±50g。關火即完成。

可以立即享用，不過放置冷卻30分鐘～1小時左右可使味道更加沉穩並且風味也會更加豐富。

牛絞肉茄子咖哩

BEEF KEEMA BAINGAN

這是一款在日本非常受歡迎的絞肉咖哩，但事實上在印度並不是大家很常食用的料理。除了和印度當地人喜歡有分量感且有口感的肉類有關之外，或許在印度，比起肉塊，絞肉被視為更為奢侈且昂貴的食材。絞肉大多會用在「印度烤肉串」這類稍微高級、用來款待客人的燒烤料理。

但可以輕鬆買到美味又便宜的絞肉的日本，沒有理由不拿來製作咖哩吧。肉類濃郁的鮮味能更輕易融入至整鍋咖哩中，這點也很符合日本人的喜好。

在印度當地，一般來說肉類咖哩的食材只有肉，蔬菜咖哩的食材也只會有蔬菜，但絞肉咖哩是個例外，通常會搭配某些蔬菜一起料理，這在某種意義上也很適合喜歡一次均衡攝取肉類和蔬菜的日本人呢。

作法只需要快速拌炒洋蔥，且絞肉能在短時間內就熟透，所以這是一道能夠非常輕鬆製作的食譜。由於絞肉咖哩即使少量也很容易製作，所以在這裡介紹的是2人份的食譜。如果對製作印度咖哩稍微熟練的話，同時製作2種以上的咖哩也會很有趣。在這種場合下，這會是一款很容易挑戰的第二道咖哩。

使用的香辛料相對較樸素簡單，在最後完成料理時加上優格和香菜，風味會瞬間變得更加豐富。

材料（2人份）

Ⓐ	香菜籽粉	4g
	孜然粉	2g
	卡宴辣椒粉	1g
	薑黃粉	1g
	葛拉姆瑪薩拉綜合香辛料	2g
	鹽	4g
	茄子（不規則去皮，切成一口大小）	80g
	沙拉油	15g
Ⓑ	鷹爪辣椒	2根
	孜然籽	1g
	洋蔥（以嗒拉拉切法切好➜p.7）	60g
	蒜薑泥（➜p.9）	16g
	牛絞肉（或是豬牛混合絞肉）	160g
	水	100g
	番茄糊	50g
	香菜（細細切碎）	4g
	優格（攪拌至滑順的狀態）	30g

生的香菜帶有特殊的氣味，但加入咖哩中稍微燉煮過後，那種特殊氣味便會消失，並散發出讓人食慾大開的風味。燉煮時用香菜的莖即可，葉片部分可以在完成後撒在上面當成配料。香菜莖也能夠冷凍保存，要用的時候直接在冷凍狀態下切碎即可。

1

將Ⓐ的香辛料粉和鹽混合後備用。將茄子切塊後泡水備用。

2

將鷹爪辣椒縱向剖成一半後去除辣椒籽。

3

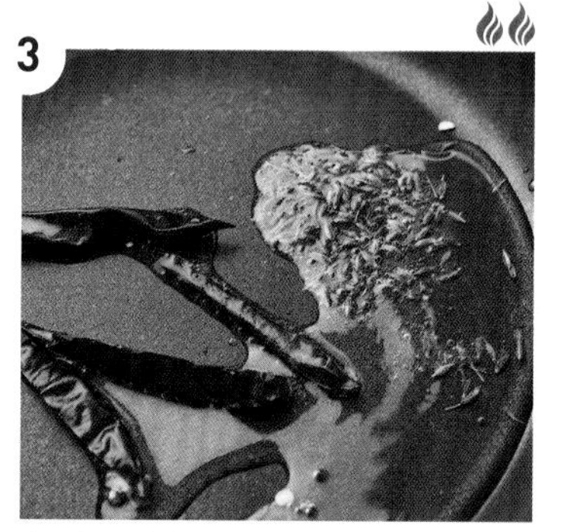

秤量平底鍋的重量，在鍋中加入沙拉油、步驟❷的鷹爪辣椒和孜然籽，開中火加熱。隨著油溫上升，原形香辛料周圍會開始冒出細小的泡泡（此時油溫約為190℃）。

4

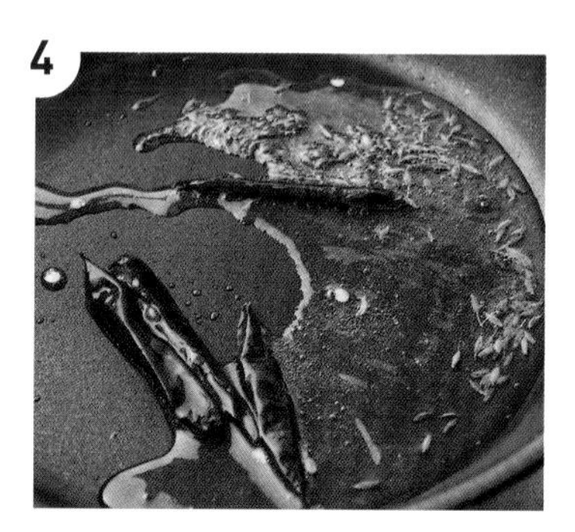

為了避免油溫過高（控制在低於220℃），加熱約1分鐘。

5

開始散發出香氣後在孜然籽燒焦之前快速加入洋蔥。

鷹爪辣椒有點燒焦也沒關係。

6

加入洋蔥後繼續以中火快速拌炒約5分鐘。洋蔥變透明軟化後加入蒜薑泥，拌炒約30秒至散發出香氣為止。

7

加入牛絞肉和步驟❶的香辛料與鹽，拌炒至肉熟透。

8

香辛料散發出香氣且表面有油脂滲出的狀態。

9

加入茄子快速拌炒。

10

茄子大略裹滿油脂後加入水和番茄糊，混合攪拌。

11

沸騰後蓋上鍋蓋以小火燉煮15分鐘。

12

煮到茄子變軟後，將重量調整至400g左右。

> 將料理秤顯示的重量減去鍋子的重量，少於400g的話加水補足，超過則繼續燉煮。

13

加入香菜。

14

以小火煮約2分鐘。

15

加入優格充分攪拌，沸騰後再稍微煮一下就完成了。

雞絞肉青豆咖哩

CHICKEN KEEMA MATAR

最後會將水分收乾完成的「乾式」絞肉咖哩。和帶有水分的咖哩搭配組合也是不錯的選擇。

這個食譜的作法和一般咖哩不同，首先會先將絞肉如製作漢堡排般煮熟，以絞肉滲出的油脂來拌炒香料蔬菜和香辛料，因此如果使用有氟素樹脂塗層的平底鍋，就可以無油烹調，如此一來在最後燉煮的階段也不會產生過多油脂。

青豆在印度是很受大眾喜愛的蔬菜，經常加在絞肉乾咖哩中，可說是必備食材。此處的食譜是使用冷凍的青豆，但如果季節對的話，也可以使用從豆莢剝出的新鮮青豆，會特別美味。反之，不推薦使用罐頭青豆。也很推薦依照喜好換成四季豆或是剝好的毛豆。

為了更加凸顯雞絞肉和青豆的口感，請選用新鮮番茄。

在這道食譜中使用的「葛拉姆瑪薩拉綜合香辛料（風味加強版）」，是特別選用某幾種香料做出更加強烈鮮明的風味，如同名稱中的「風味加強版」，是能增加「風味帶來的衝擊感」、最後調整用的綜合香辛料。如果多做一點備用，製作任何咖哩時想在最後階段多添加一點衝擊感時便可以使用。如果沒有可以研磨香辛料的工具，請使用粉末狀的香辛料並依食譜中相同的分量混合即可。如果無法取得茴香，雖然風味不太一樣，但也可以用孜然代替。

材料（2人份）

Ⓐ	香菜籽粉	1g
	孜然粉	1g
	卡宴辣椒粉	1g
	薑黃粉	1g
	鹽	4g

- 雞腿絞肉（可以的話絞成粗末）…… 300g
- 洋蔥（以喀拉拉切法切好➜p.7）…… 60g
- 蒜薑泥（➜p.9）…… 24g
- 獅子唐青椒（斜切成小片）…… 2根（6g）
- 咖哩葉（可省略）…… 6片
- 番茄（切成小塊）…… 60g
- 水 …… 60g
- 冷凍青豆 …… 60g
- 葛拉姆瑪薩拉綜合香辛料（風味加強版）（➜參考下方作法）…… 2g

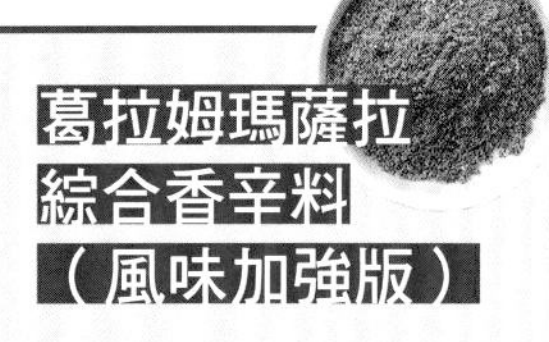

葛拉姆瑪薩拉綜合香辛料（風味加強版）

材料（便於製作的量）

- 小荳蔻籽 …… 4g
- 黑胡椒粒 …… 4g
- 茴香籽（沒有的話可以用孜然籽）…… 2g

請參考p.11，將葛拉姆瑪薩拉綜合香辛料（風味加強版）的材料拌炒後用調理機打碎成粉狀。在這份食譜中會取出2g使用。

1

將Ⓐ的香辛料粉和鹽混合後備用。先秤好平底鍋的重量。

2

在還未加熱的平底鍋中放入雞腿絞肉並壓實，開中火加熱。開始發出滋滋聲時，將絞肉切成約4等分，像煎漢堡排時一樣翻面。

3

煎約5分鐘稍微上色後，大略將絞肉撥散並讓整體充分熟透。

如果有較大塊的絞肉殘留也沒關係，之後的步驟中絞肉會自動慢慢散開。稍微留下塊狀反而更能享受到肉的口感。

4

絞肉加熱至開始有油脂滲出時，加入洋蔥、蒜薑泥、獅子唐青椒、咖哩葉（有的話）。

5

繼續拌炒。

如果使用的是較不容易產生油脂肉質的雞肉，也可以加入沙拉油（不多於15g）。

6

洋蔥大致上加熱至呈現透明狀時，加入❶的香辛料和鹽，再繼續拌炒。

7

香辛料炒出香氣且有油脂滲出時，加入番茄和水。

如果是使用新鮮青豆或四季豆的話，請在這個步驟中加入。

8

蓋上鍋蓋並以小火燉煮約10分鐘，加入冷凍青豆。

9

不時攪拌，燉煮至水分蒸散。

10

當水分開始減少時，加入葛拉姆瑪薩拉綜合香辛料（風味加強版）。

11

再繼續燉煮。

12

幾乎沒有水分的狀態。在這個時候以350g為完成基準。

關火後自然放置冷卻，絞肉會再次吸收湯汁，呈現出乾燥且柔軟的狀態。如果要重新加熱的話建議使用微波爐！

食材memo

【獅子唐青椒】

- 一種香料蔬菜，經常在料理的初期階段和洋蔥等一同拌炒。
- 和拿來當香辛料使用的辣椒或鷹爪辣椒一樣，雖然也能為料理添加辣味，但比起辣味更偏向於強調其香氣，用法更類似香草植物。
- 在印度很常會使用到「青辣椒（green chili）」，但在日本較難買到，所以本書中以獅子唐青椒代替。獅子唐青椒雖然不帶辣味，但香氣幾乎和青辣椒一樣。

【咖哩葉】

- 特別是在南印度料理中經常使用。但日本很難取得新鮮的咖哩葉，所以本書中的建議是如果能夠取得的話再使用即可。

本格派奶油雞肉咖哩

AUTHENTIC BUTTER CHICKEN CURRY

這是一道用新鮮番茄熬煮製作而成的印度宮廷風正統奶油雞肉咖哩。雖是這麼說，但只要醬汁熬煮的程度不要出錯，其實也不會很困難。本書中不僅在開始前要秤量食材，在製作過程或最後完成料理時都要秤量鍋中咖哩的重量，這些步驟在此道食譜中會格外重要。

說到奶油雞肉咖哩，或許會有充滿甜味且濃厚的印象，但這道食譜中以新鮮番茄獨特的豐滿酸味為主軸，降低了甜味的同時做出高雅且醇厚的滋味。搭配白飯雖然會非常美味，但搭配饢餅（p.120）或恰巴提薄餅（p.118）等當然也是最棒的享受。此外，這種類型的咖哩不僅適合搭配印度麵包，和西式麵包也很對味。法式長棍麵包、英式瑪芬，甚至搭配吐司也意外地契合。

奶油雞肉原本的特點之一是將配料的雞肉和醬汁分開調理。在料理雞肉時充分利用香辛料，而在製作醬汁時則刻意降低香辛料的風味，這樣做出對比也是其特別美味的關鍵。

料理好的雞肉稱為「咖哩雞（Chicken tikka）」，可以單獨成為一道完整的料理。這道料理在設計咖哩風味菜單時是非常重要的食譜，請務必趁此機會熟悉製作方式。

材料（2人份）

【咖哩雞】
- 雞腿肉（去皮後切成一口大小）…… 200g
- 優格 …… 30g
- 蒜薑泥（➜p.9）…… 8g
- 卡宴辣椒粉 …… 0.5g（¼小匙）
- 薑黃粉 …… 0.5g（¼小匙）
- 紅甜椒粉 …… 3g
- 葛拉姆瑪薩拉綜合香辛料 …… 2g
- 檸檬汁 …… 4g
- 鹽 …… 2g

【奶油雞肉醬汁】
- 奶油 …… 20g
- 小荳蔻籽（稍微壓開豆莢*）…… 4顆
- 腰果（大略切碎）…… 20g
- 蒜薑泥（➜p.9）…… 8g
- 番茄（切成小塊）…… 300g
- 水 …… 30g
- 葛拉姆瑪薩拉綜合香辛料 …… 1g
- 鹽 …… 2g
- 蜂蜜 …… 10～20g（甜度依喜好調整）
- 葫蘆巴葉（可以省略）…… 1小撮
- 鮮奶油 …… 60g

＊小荳蔻的處理方法

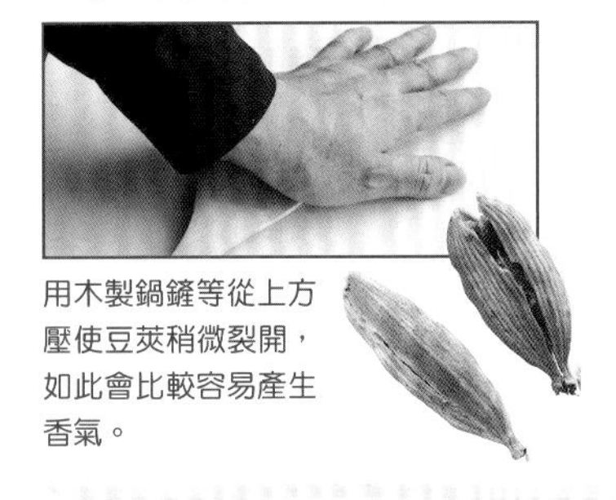

用木製鍋鏟等從上方壓使豆莢稍微裂開，如此會比較容易產生香氣。

1

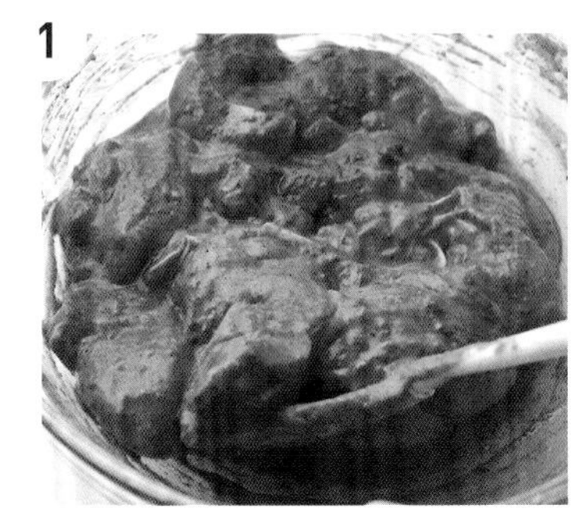

將製作咖哩雞的材料全部混合後進行醃漬。最少要醃漬1小時，能放進冰箱醃漬一個晚上更好。最好醃漬整整2天。

2

在平底鍋中放入少許沙拉油（材料表分量以外），將❶放入鍋中並開中火加熱。

3

煎約5分鐘至雞肉呈現金黃色後將雞肉翻面。蓋上鍋蓋將火候轉為小火，再燜煎約5分鐘。

4

雞肉熟透後移走鍋蓋，開大火邊將湯汁的水分收乾邊讓雞肉裹上醬汁。將雞肉取出另外放一盤。

5

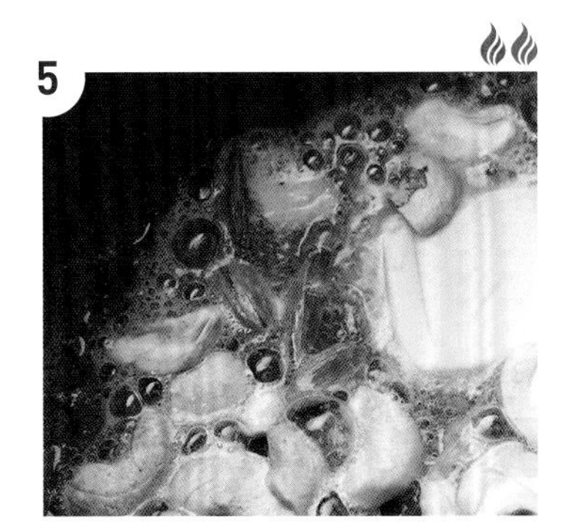

秤量鍋子的重量後放入奶油。開中火加熱，奶油融化後加入小荳蔻和腰果。

6

當小荳蔻開始膨脹並散發出香氣後，趁奶油燒焦前加入蒜薑泥。

食材memo

【腰果】

▶ 和水或牛奶等一起用調理機攪碎，製成泥狀後使用。

▶ 雖然效果不如鮮奶油，但不只能添加特殊的風味和溫潤感，還能增加如麵糊般的黏稠感。

7

稍微拌炒。

8

加入番茄和水，一邊攪拌一邊煮至番茄變軟為止。

9

番茄開始變軟後就用刮刀一邊壓碎一邊熬煮，鍋中整體融合在一起並呈現濃稠感後就將鍋子離火冷卻。

實際料理時，建議在這段冷卻時間中煎咖哩雞。

10

待❾的醬汁冷卻後，用調理機攪打至滑順，再倒回鍋中。開中火加熱，繼續熬煮到重量變為約200g為止。

11

加入葛拉姆瑪薩拉綜合香辛料、鹽、蜂蜜，可再依喜好加入葫蘆巴葉。

12

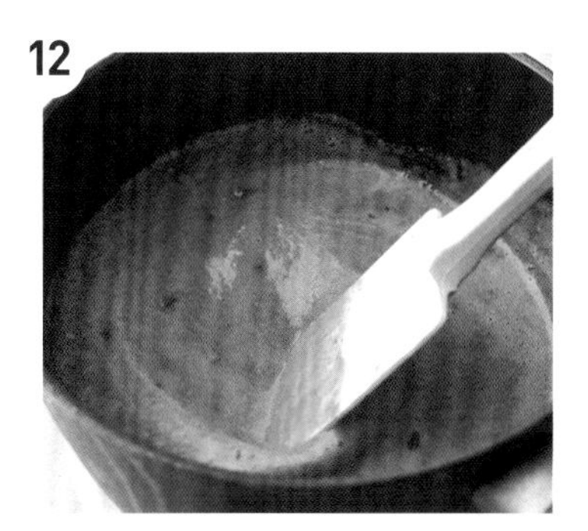

繼續熬煮約1分鐘讓調味料均勻融合。

13

將❹的咖哩雞加入醬汁中。

14

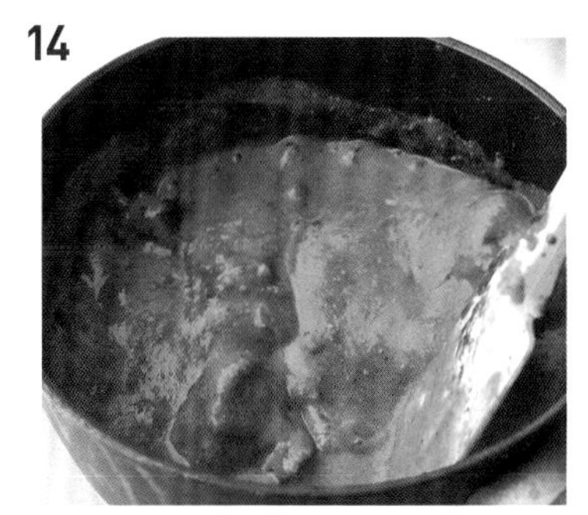

一邊攪拌一邊加熱。

15

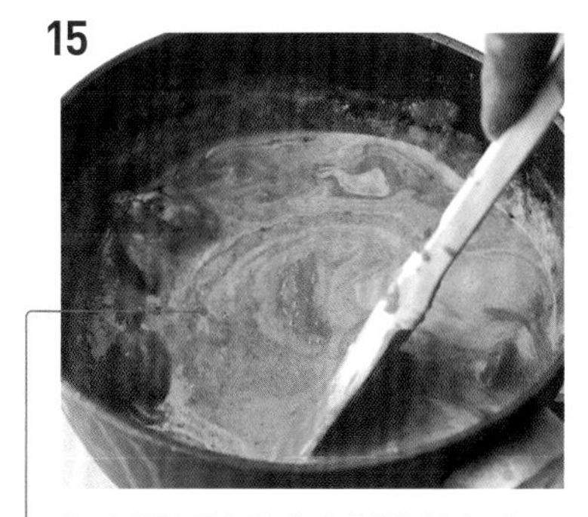

加入鮮奶油並充分攪拌即完成。

加入鮮奶油後留意不要讓鍋中食材不斷沸騰。

食材memo

【鮮奶油】

▶ 主要會用在最後完成時，能輕鬆地為料理增添濃醇感。如果想特意做出溫潤的口味，建議不要使用優格，而是使用鮮奶油。

▶ 不一定要用高乳脂成分的產品，但請務必選用純動物性乳脂的鮮奶油。植物性鮮奶油可能會在加熱時產生油水分離。

濃郁羊肉瑪薩拉咖哩

RICH LAMB MASALA

這是一道給予大家「大口吃肉」印象、充滿能量感的羊肉咖哩。

咖哩一般給人的印象是「在美味的湯汁中加入了肉類食材配料」。但實際上，用了肉類的印度咖哩，其實是為了讓肉變得更加美味而設計出來的料理，或者也可說湯汁只是其附加產物。原本應為附加產物的部分實在太過美味，這點也是咖哩吸引人之處。

為了做出濃郁有力的滋味，要將洋蔥做成「炸洋蔥」，提引出凝縮其中的濃醇滋味。羊肉會事前用優格或香辛料等充分醃漬。在製作這類以肉類為主角的咖哩時特別適合這種作法。

雖然最後完成時會做出質地濃郁的湯汁，但剛開始燉煮時肉類會在清爽的湯汁中游泳般慢慢燉煮，最後變得柔嫩鬆軟。將肉塊在最後步驟中充分燉煮，才能將湯汁做出濃稠且濃縮過的感覺。

這是一道燉煮時間較長的咖哩，在製作過程中，香辛料類——尤其是葛拉姆瑪薩拉綜合香辛料的強烈香氣會有一部分散失，讓整體滋味變得溫和。為了能夠彌補那些散失的香氣帶來的衝擊感，最後再加入香菜和葛拉姆瑪薩拉綜合香辛料。這時候加入「葛拉姆瑪薩拉綜合香辛料（風味加強版）」會比較有效，但如果是自製香辛料的話，普通版本的葛拉姆瑪薩拉綜合香辛料就已經足夠發揮其作用。

材料（4人份）

【醃漬羊肉】

- 羔羊肉（腿肉或是肩里肌肉。切成2.5cm的塊狀）……500g
- 優格……50g
- 鹽……8g
- 蒜薑泥（➜p.9）……32g
- 香菜籽粉……8g
- 孜然粉……4g
- 卡宴辣椒粉……2g
- 薑黃粉……2g
- 葛拉姆瑪薩拉綜合香辛料……4g

【炸洋蔥】

- 洋蔥（與纖維方向垂直切成薄片）……200g
- 沙拉油……100g

【拌炒、燉煮】

- 炸洋蔥後留下的油……30g
- 水……400g～
- 番茄糊……100g
- 葛拉姆瑪薩拉綜合香辛料（風味加強版）（➜p.30或自製葛拉姆瑪薩拉綜合香辛料➜p.11）……～4g
- 香菜（切碎）……8g

Inada's Voice

也可以使用牛肉或成年羊肉（mutton，出生2歲以上的羊肉）。說到成年羊肉可能會有「有特殊氣味且很硬」的印象，但最近市面上的成年羊肉品質都滿好的，和羔羊肉其實沒有太大差別。去一趟清真食材商店，有機會以便宜的價格購買到各種不同部位的帶骨羊肉。雖然在吃的時候有骨頭不太方便，但說不定是味道最適合的肉。不過使用成年羊肉的話，燉煮的時間是用羔羊肉製作的兩倍以上。

1

醃漬羊肉。將材料全部混合後至少醃漬1小時，最好可以放進冰箱醃漬一整天。

2

製作炸洋蔥。將洋蔥和沙拉油放入鍋中以小火加熱，讓油溫慢慢上升。

3

約5分鐘後洋蔥的水分散失，呈現正在油炸的狀態。

4

再經過5分鐘後，油溫上升到150～160℃左右，洋蔥開始快速變成金黃色。

5

在快要完全上色前用篩網撈起洋蔥。之後因餘溫和氧化顏色會變得更深。照片中的洋蔥是撈起後稍微經過一段時間大致冷卻後的狀態。

6

開始進入拌炒和燉煮的步驟。先測量鍋子的重量，將❺撈起洋蔥過濾出的油取30g放入鍋中，以中火加熱。

剩下的炸洋蔥油可以用來製作其他咖哩或拌炒料理，能為料理更增添香氣和濃郁感。一般來說建議用在肉類料理中。

7

將❶醃漬好的羔羊肉連同醃漬的醬汁全部加進鍋中拌炒。

8

拌炒至羊肉表面變熟且有油脂滲出、香辛料散發出香氣為止。

9

加入水、番茄糊、炸洋蔥。

10

煮至沸騰後蓋上鍋蓋以小火燉煮。燉煮40～60分鐘，確認肉幾乎完全變得柔軟後在這裡轉為中火，以完成時達到800g為目標繼續燉煮。

這時候肉要全部浸泡在水分中，湯汁則呈清爽的狀態。

11

當鍋中的重量接近800g時加入香菜。

12

加入葛拉姆瑪薩拉綜合香辛料（風味加強版），轉為小火燉煮至香辛料融入湯汁中。

13

重量達到800g就關火，讓其自然冷卻。

在冷卻的過程中肉類會再吸收水分，使湯汁呈現恰到好處的濃稠感。

食材memo

【優格】

- 本書食譜中全都是使用無糖的原味優格。
- 可說是製作咖哩時最重要的輔助材料之一。帶有酸味、醇厚感與風味，能為咖哩的味道增添層次感。
- 優格常被認為是「用來使咖哩的味道變溫和」的食材，但我認為不要太期待有什麼顯著的效果。如果特別挑選使用沒有酸味的優格那就另當別論，不過在印度料理中少量使用酸味強烈的優格反而能讓味道更加分。
- 要將優格加入咖哩時，請務必先用打蛋器等仔細將優格攪拌至滑順。如果沒有經過這個步驟，即使優格乍看之下非常滑順，也還是會殘留一些小小的結塊。

南印風味蔬菜椰奶咖哩

VEGETABLE KURMA

這是一道南印度風味的綜合蔬菜咖哩。

一般來說印度家常蔬菜咖哩大多只會用一種蔬菜來製作，但這道蔬菜椰奶咖哩可說是稍微有點例外，使用多種蔬菜組合成咖哩的配料。

像這樣稍微有點奢侈的蔬菜咖哩，其實也有其他很多種搭配方式，在這裡登場的是「馬鈴薯、花椰菜、紅蘿蔔、四季豆」，幾乎可說是在印度最常見的綜合蔬菜組合。

其中的花椰菜更是印度人非常喜歡的蔬菜。不僅會運用在咖哩中，也會用來燒烤或是製作成炸物，是款待客人時不可或缺的蔬菜。

這道料理其實是源自北印度一種以肉類和乳製品燉煮的濃郁咖哩「Korma」，配合南印度的風土民情，用蔬菜和椰奶替代原本的食材而變成這道「Kurma」。因為有此背景，所以這道菜在南印度的蔬食咖哩中，會罕見地加入小荳蔻、丁香、月桂葉等，或是使用含有這些香料、風味強烈的葛拉姆瑪薩拉。因為充分使用能萃取出鮮味的香料蔬菜，再加上椰奶的濃醇口感，就算是蔬食咖哩也能讓人很有滿足感，適合拿來當作主菜的料理。

這是一道在印度料理中擁有重要地位的蔬食咖哩，可以說是製作蔬食咖哩的入門食譜。

材料（2人份）

【燜煮蔬菜】

各種蔬菜（使用分量大致相同的馬鈴薯、花椰菜、紅蘿蔔與四季豆。全都切成一口大小）……共200g
水……50g
鹽……2g
薑黃……1g
月桂葉……1片

Ⓐ攪拌混合
香菜籽粉……2g
孜然粉……2g
卡宴辣椒粉……1g
紅甜椒粉……1g
葛拉姆瑪薩拉綜合香辛料……1g
鹽……2g

沙拉油……30g
芥末籽……1g
洋蔥（以喀拉拉切法切好➜p.7）……60g
蒜薑泥（➜p.9）……16g
番茄（切成小塊）……80g
椰奶……100g

食材 memo

【椰奶】

▶ 椰奶和優格並列為重要的輔助食材。不僅濃郁且口感溫潤，其甘甜且充滿異國感的香氣，能為味蕾帶來不輸香辛料的衝擊感，尤其在製作南印度風味的咖哩時更是不可或缺的食材。

▶ 使用罐頭椰奶也可以，但較難調整使用分量，也會因為產品不同所以濃度等都不太相同，所以本書推薦將椰奶粉在溫水中溶解後使用。

▶ 用椰奶粉25g和溫水75g，可以做出100g的椰奶。

1

燜煮蔬菜。將燜煮的材料全部放入鍋中混合攪拌，蓋上鍋蓋以中火加熱。

2

沸騰後轉為小火，蒸煮約10分鐘至蔬菜變軟為止。

以煮熟後鍋底還留有少許水分為目標蒸煮。如果水分過度蒸發，為了避免燒焦可以添加少許水（額外分量）。

3

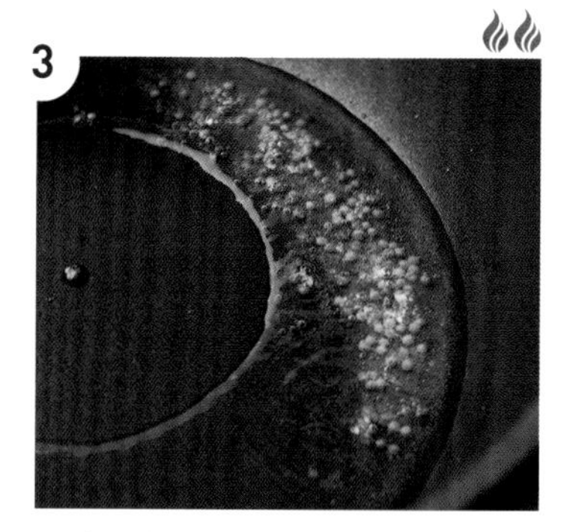

另取一鍋秤量鍋子的重量，加入沙拉油和芥末籽開中火加熱。芥末籽周圍會開始慢慢出現細小的氣泡，再繼續加熱會開始發出劈啪聲且開始爆裂（約190℃）。

4

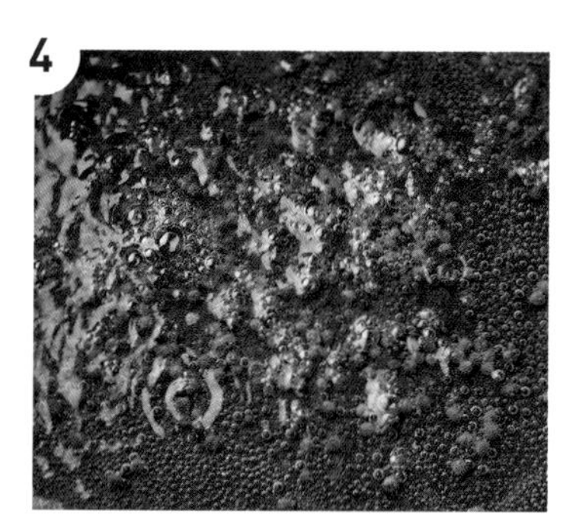

為了不要讓油溫過度上升（控制在220℃以下），一邊控制火侯一邊繼續加熱。

5

劈啪聲變得愈來愈大聲後，要在聲音開始變小前快速進行下個步驟，加入洋蔥（芥末籽的加熱萃取香氣方法請參考p.13）。

6

將洋蔥充分混拌。藉此能讓鍋中油溫下降，避免芥末籽過度加熱而燒焦。

7

繼續用中火～小火拌炒洋蔥約10分鐘。這道咖哩在之後的燉煮步驟所花的時間很短，所以在這裡要將洋蔥確實煮至柔軟。

如果快要燒焦的話可以加入少許水（額外分量），繼續拌炒讓加入的水分蒸發。

8

加入蒜薑泥，以中火快速拌炒至產生香氣。

9

加入番茄並繼續拌炒。

10

番茄煮到變軟成糊狀後，加入Ⓐ的香辛料和鹽。

11

拌炒至整體融合在一起且表面滲出油脂。

12

將❷的燜煮蔬菜和湯汁一起加進鍋中。將鍋中的重量調整至300g。

13

加入椰奶。

14

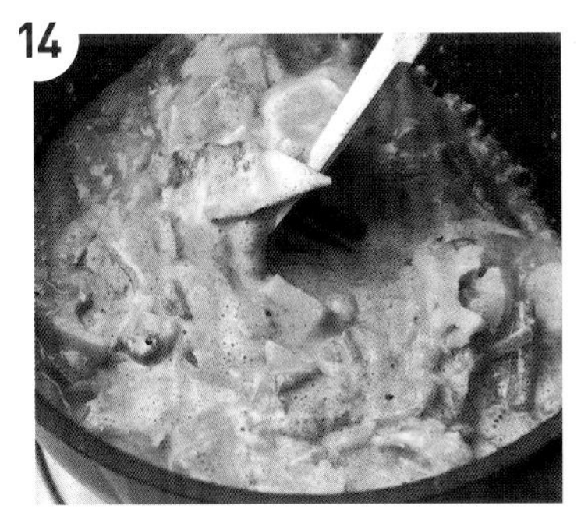

沸騰後繼續以不要過度沸騰的狀態慢慢燉煮，整體均勻混合後即完成。完成時的重量為400g。

番茄奶油蝦子咖哩

TOMATO CREAM PRAWN CURRY

豐富醇厚且口味溫潤的蝦子咖哩。

因為蝦子不需經過長時間燉煮，所以洋蔥要在拌炒階段時就充分炒至熟透、變得柔軟，這道食譜會先將洋蔥以微波爐加熱到半熟狀態再開始拌炒。雖然整體所花的時間並不會縮短多少，但要充分拌炒較少量的洋蔥且不使其燒焦時，這會是個很方便的作法。如果要製作一半分量的「正統雞肉咖哩」（p.20）等料理時，也是可以加以應用的技巧。

如果是帶殼的蝦子，要先去殼後再使用。或許用市售所謂的「蝦仁」會比較方便，但事前去殼冷凍的蝦仁不僅大多口感不太自然（過度有彈性），且無法釋出鮮味到醬汁中，所以不適合用來製作印度咖哩。

不過，蝦子如果過度加熱的話很容易變硬，所以其美味的關鍵是盡量將加熱時間控制在最小範圍。為此，可以先將蝦子背部切開使其能夠均勻受熱。

在印度，與其他動物性食材相比，製作蝦子咖哩時經常只使用少量的香辛料，這道咖哩食譜同樣也不使用孜然和葛拉姆瑪薩拉綜合香辛料，是較少見的組成。但這樣仍然能做出非常美味的咖哩，靠的就是食材蝦子本身的風味，以及使用大量番茄與鮮奶油做出的豐富醇厚醬汁（Gravy）。

完成後的咖哩幾乎沒有什麼辣味，不過當然可以根據喜好調整辣度。所以請參考材料表中的註記，依個人喜好添加卡宴辣椒粉來做調整。

材料（2人份）

A	洋蔥（切成碎末）	120g
A	水	10g
A	鹽	1g
	蝦子（無頭、帶殼）	100g
B	香菜籽粉	2g
B	薑黃粉	1g
B	甜紅椒粉	1g
B	黑胡椒粉	1g
B	卡宴辣椒粉（依喜好加入，0～最多1g）	
B	鹽	2g
	沙拉油	30g
	蒜薑泥（➜p.9）	16g
	番茄糊	100g
	鮮奶油	100g
	葫蘆巴葉（可省略）	1小撮

食材memo

【蝦子】

▶ 印度依照居住的區域不同，有些人幾乎不吃海鮮類，但只有蝦子稍微例外，廣受喜愛。蝦子咖哩通常會使用相對較單純的香辛料來製作。

1

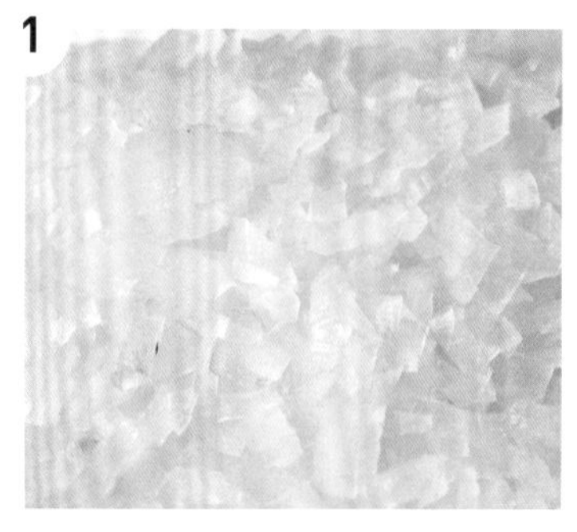

將Ⓐ的洋蔥和水、鹽放入耐高溫容器中混合，再放入500～700W的微波爐中加熱大約3分鐘。

2

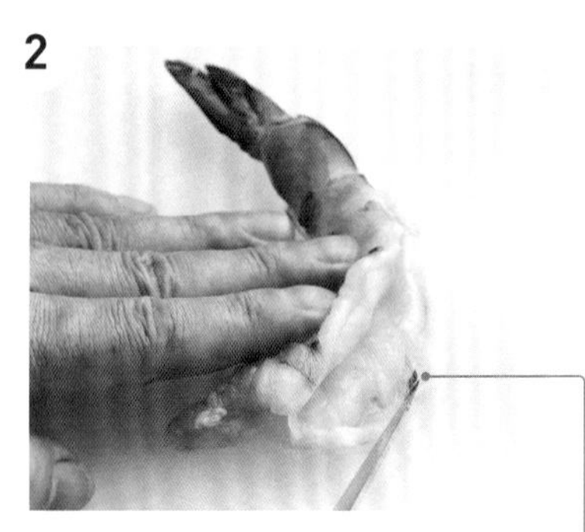

剝掉蝦子的殼，劃開蝦背之後取出腸泥。

腸泥可用小刀的刀尖刮出來。

3

將Ⓑ的香辛料粉和鹽混合之後備用。

4

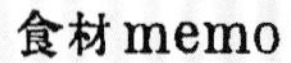

在鍋中放入沙拉油和❶，開中火加熱拌炒。

5

待整體充滿油脂且鍋中開始發出加熱的聲響時，蓋上鍋蓋並轉為小火。

6

保持這個狀態繼續半燜半炒（以15分鐘為基準）。為了避免燒焦，要不時攪拌確認。如果洋蔥看起來快要燒焦，就加入少許水（額外分量）。繼續拌炒使剛加入的水分蒸發。

7

洋蔥完全軟化後加入蒜薑泥，繼續以中火拌炒。

8

蒜薑泥開始產生香氣，並且表面有油脂滲出後，加入❸的香辛料和鹽。

9

繼續攪拌炒煮，表面再次有油脂滲出時加入番茄糊。

10

再繼續攪拌混合至熟透，整體開始冒出小泡泡沸騰時，加入❷的蝦子繼續加熱，同時輕輕地將整體混拌均勻。

11

蝦子如果蜷曲起來變成像視力檢查的「C」一般時，應該就大致煮熟了，可以繼續進行下一個步驟，利用餘熱讓蝦子完全熟透。

12

加入鮮奶油，不要讓咖哩激烈沸騰，整體均勻地微微沸騰即可，依喜好加入葫蘆巴葉。

13

將整體攪拌均勻，稍作停頓後即可關火。

Inada's Voice

「Gravy」這個詞原本指的是肉汁，但在印度料理中，這個詞和是否從肉中萃取出高湯無關，而是指咖哩的醬汁部分，換句話說，就是指除了主要食材以外的部分。這個食譜的重點在於先完成「番茄醬汁」，然後在醬汁中快速地將蝦子煮熟。這道食譜不僅能使用蝦子，也適合其他像魷魚、白肉魚等味道較清淡的海鮮。在任何情況下，不要將食材煮得過熟就是使這道咖哩美味的關鍵。

Curry

尼泊爾風味豬肉咖哩

NEPALESE STYLE PORK CURRY

　　這是一道尼泊爾人在日常生活中就會吃、清爽如湯品一般的豬肉咖哩。

　　這道咖哩的特色是運用了將葫蘆巴籽充分加熱至呈現深褐色的「焦化葫蘆巴」手法。其甘甜芬芳的香氣中帶有微微苦味，為料理的風味增添深度。在這裡也請熟練之後加入孜然的「時間差萃取香味法」。

　　這道咖哩的另外一個特色是「之後再加入蒜薑泥」。並非以拌炒的方式加熱蒜頭或薑，而是在之後燉煮的步驟中大量加入。也就是說，由焦化葫蘆巴和洋蔥擔任產生香氣的角色，盡可能地使大蒜和薑的刺激風味保持在新鮮狀態，正是這個調理方式的目標。因此在這道食譜中，不要用市售軟管裝的蒜泥和薑泥來取代。使用市售的軟管裝產品，到最後會殘留下令人覺得不適的風味。

　　這是一道滋味非常下飯的咖哩。當然非常適合和巴斯馬蒂香米（印度香米）一起吃，但搭配一般日本的米也會有種不可思議的契合感。在尼泊爾當地會搭配如山般堆起的大量米飯一點一點攪拌享用。我在作法的最後附上了能夠調整成當地風味的方法。如此一來就會變得很像吃濃郁重口味的拉麵湯底，有著吃垃圾食物般的罪惡滋味。不過偶爾嚐嚐這樣的料理也很不錯！

材料（4人份）

- Ⓐ
  - 香菜籽粉 …… 4g
  - 孜然粉 …… 4g
  - 薑黃粉 …… 4g
  - 卡宴辣椒粉 …… 2g
  - 甜紅椒粉 …… 2g
  - 葛拉姆瑪薩拉綜合香辛料 …… 4g
  - 花椒粉（有的話可用尼泊爾花椒。沒有的話都可以省略）…… 2g
  - 鹽 …… 8g
- 沙拉油 …… 30g
- 葫蘆巴籽 …… 1g
- 鷹爪辣椒（縱向切成一半後去籽）…… 2根
- 孜然籽 …… 2g
- 洋蔥（用喀拉拉切法切好➜p.7）…… 120g
- 番茄（切成小塊）…… 80g
- 豬肩里肌肉（切成2.5㎝的塊狀）…… 400g
- 水 …… 350g
- 蒜薑泥（➜p.9）…… 64g
- 香菜（切碎）…… 8g

最後完成時要大膽地決定鹹度，調整至「直接吃會有點太鹹，但配飯吃會非常下飯」的程度。可以依照喜好（或個人價值觀）加入最多2g的鮮味調味料（額外分量），會更加接近尼泊爾當地的味道。

1

將Ⓐ的香辛料和鹽混合備用。

2

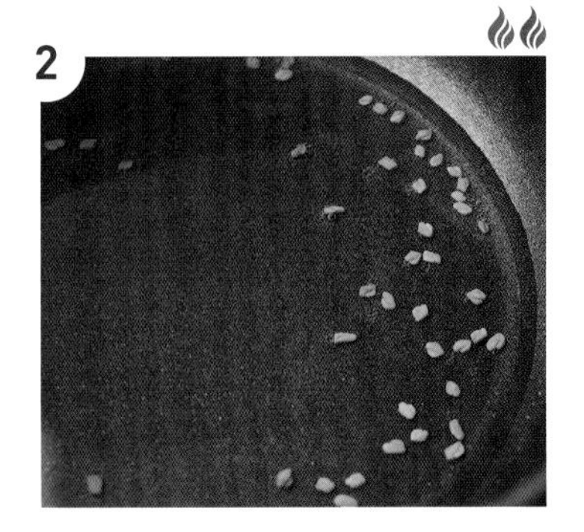

秤量鍋子的重量，在鍋中放入沙拉油和葫蘆巴籽，開中火加熱。

3

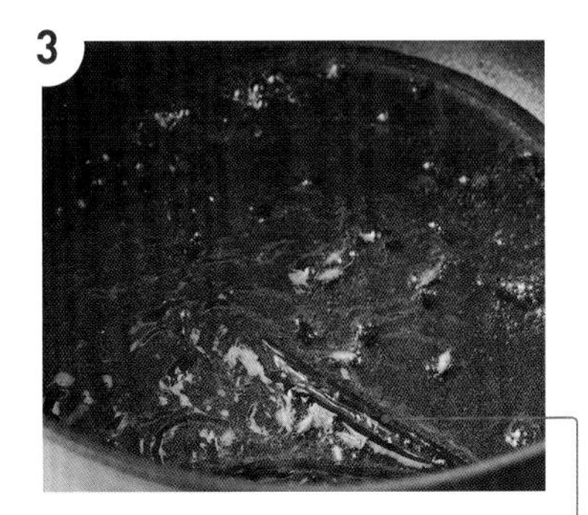

葫蘆巴籽開始稍微上色時，加入鷹爪辣椒。

兩種食材最後都變黑燒焦也沒關係。

4

待葫蘆巴籽變成深褐色時加入孜然籽。油溫在這時候應該滿高的，所以孜然籽會馬上開始散發出香氣並上色。

5

在孜然籽燒焦之前加入洋蔥一起拌炒。

6

炒到洋蔥上色後再加入番茄，繼續拌炒。

香辛料memo

【葫蘆巴籽】

▶ 在印度或尼泊爾被稱為「Methi」。如同這個食譜中的作法，刻意加熱使其燒焦變黑的手法在尼泊爾很常見，香甜的香氣會帶來獨特的效果。由於原本就是一種非常苦的香辛料，所以似乎有一派想法認為即使加熱至燒焦也不會再變得更苦了。

7

番茄煮到軟爛崩散成糊狀後，加入❶的香辛料和鹽。

8

拌炒後表面會滲出油脂且散發出香氣。

9

加入豬肉拌炒。

10

豬肉表面炒熟後，表面滲出油脂的狀態。

11

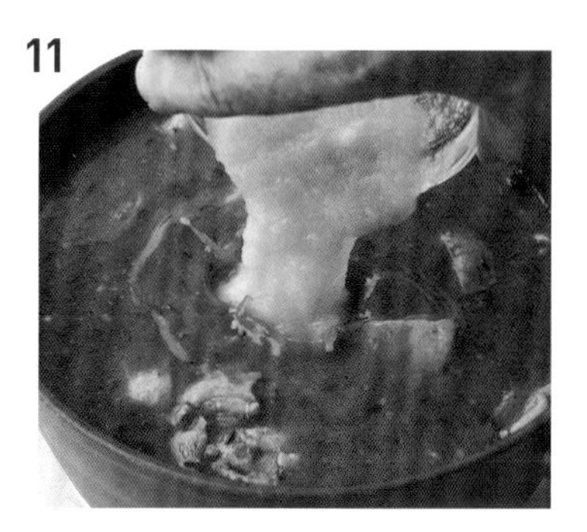

加入水和蒜薑泥。

12

整體混合攪拌，沸騰後蓋上鍋蓋以小火燉煮。

13

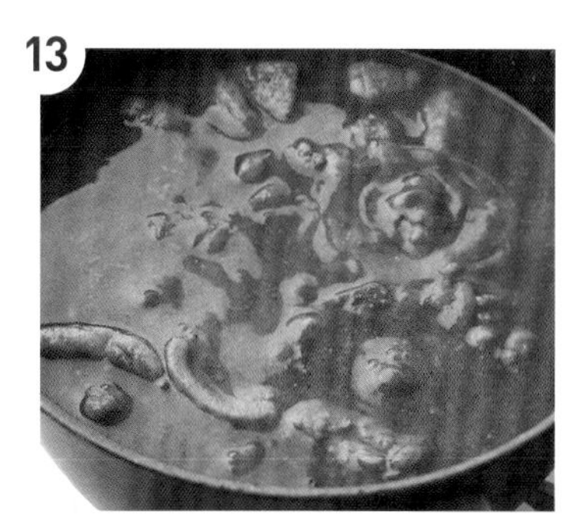

燉煮約30分鐘，當肉變得軟嫩後確認鍋中重量。

14

最後完成時以800g為目標來調整水分。重量調整好後試味道。

這道咖哩的鹹味要加到接近極限就會更好吃，所以一邊試味道一邊補足鹽（最多4g，額外分量）。

15

味道調好後加入香菜，讓香菜與鍋中咖哩融合，稍微燉煮一下即完成。

2種快速上桌咖哩

2 QUICK CURRY RECIPES

本書到目前為止，一直在介紹如何忠實地按照印度正宗作法，仔細耐心地製作多種咖哩。

但有時候會想「更省時」或「更省事」地製作料理吧！

事實上，在印度也有非常多只要用極為簡單的食材、利用極短的時間就能完成的咖哩。不過這裡有個問題，那就是這些能夠簡單製作的咖哩往往無法符合日本人對於咖哩的期待，所以喜歡或不喜歡也很明確地分成兩派。

像那些屬於稍微專業和深入當地風味的單純咖哩，在後面的章節也會有一些介紹，在這裡為大家嚴選2種只要是日本人應該都會覺得美味、既簡單又有吸引力的雞肉咖哩來介紹。

即使是這麼簡單的咖哩也能做出讓人留下印象的美味，這就是香辛料的力量了，也可說是印度咖哩的深奧之處吧！這裡介紹的是非常簡單、只是稍微調整一下美味程度就能倍增的咖哩，如果藉由目前為止的食譜確實掌握好基礎的話，想必應該只是小菜一碟而已。

在忙碌的日子裡做飯時，或是想製作兩種以上的咖哩時，這些也能當作第二道、第三道料理上桌，肯定會是非常便利的食譜。

快速上桌
香辛料雞肉咖哩

QUICK SPICY CHICKEN CURRY

「只要快速拌炒後快速燉煮」，在短時間內就能完成，卻能讓人讚嘆「這就是印度咖哩！」清爽且充滿香辛料滋味的雞肉咖哩。像這樣的咖哩也可以使用帶皮雞肉。如果使用超市中經常販售的「炸雞塊用雞腿肉塊」會更加輕鬆方便。

材料（2人份）

Ⓐ
- 雞腿肉（帶皮的也可以，切成一口大小）…… 160g
- 鹽 …… 4g
- 蒜薑泥（➜p.9）…… 16g
- 香菜籽粉 …… 4g
- 孜然粉 …… 2g
- 卡宴辣椒粉 …… 1g
- 薑黃粉 …… 1g
- 葛拉姆瑪薩拉綜合香辛料 …… 2g

- 沙拉油 …… 15g
- 洋蔥（用喀拉拉切法切好➜p.7）…… 120g
- 番茄（切成小塊）…… 80g
- 水 …… 100g

1

將Ⓐ的材料混合後揉捏入味。

2

秤量鍋子的重量，放入沙拉油和洋蔥後開中火加熱，快速拌炒。

3

當洋蔥炒至變得柔軟透明後加入❶，繼續拌炒。

4

肉的表面上色且香辛料產生香氣時加入番茄和水，沸騰後蓋上鍋蓋並轉為小火，燉煮10～15分鐘（最後完成時重量以400g為基準）。

快速上桌 奶油雞肉咖哩

QUICK BUTTER CHICKEN CURRY

將快速醃漬後煎過的雞肉以番茄和鮮奶油的醬汁稍微燉煮，做出口味溫和的雞肉咖哩。因為省略了洋蔥所以不需要拌炒，料理起來更加方便。醃漬的雞肉可以在混拌後馬上煎炒也沒關係，但也可以在前一天先將醃漬的步驟完成，完整地讓雞肉醃漬一天也完全沒問題。

材料（2人份）

材料	份量
Ⓐ 雞胸肉（去皮後切成一口大小）	160g
Ⓐ 優格	30g
Ⓐ 蒜薑泥（➔p.9）	16g
Ⓐ 鹽	2g
Ⓐ 薑黃粉	1g
Ⓐ 卡宴辣椒粉	0.3g（1小撮）
Ⓐ 葛拉姆瑪薩拉綜合香辛料	2g
奶油	15g
番茄糊	100g
水	50g
砂糖	10g
鹽	2g
鮮奶油	100g

1

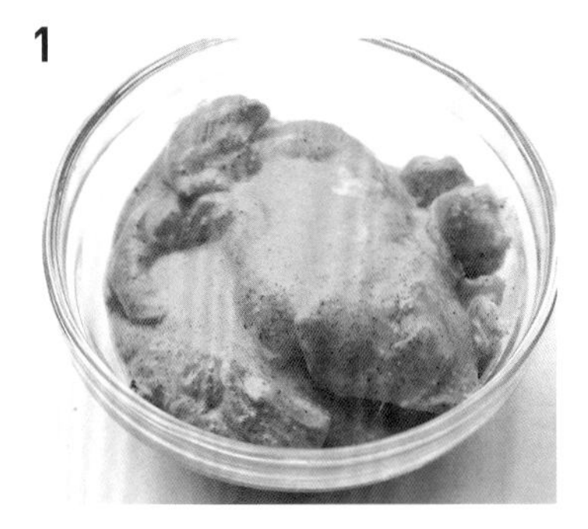

將Ⓐ的材料混合。

2

秤量鍋子的重量，加入奶油並加熱，將❶的雞肉放入後以中火拌炒至表面上色。

3

加入番茄糊、水、砂糖、鹽，攪拌均勻，沸騰後蓋上鍋蓋以小火燉煮10分鐘。在這裡將重量調整至略多於300g。

4

加入鮮奶油混合攪拌，煮至稍微沸騰就完成。

第2章

更加深入！

當地風味的印度咖哩

LOCAL INDIAN CURRY

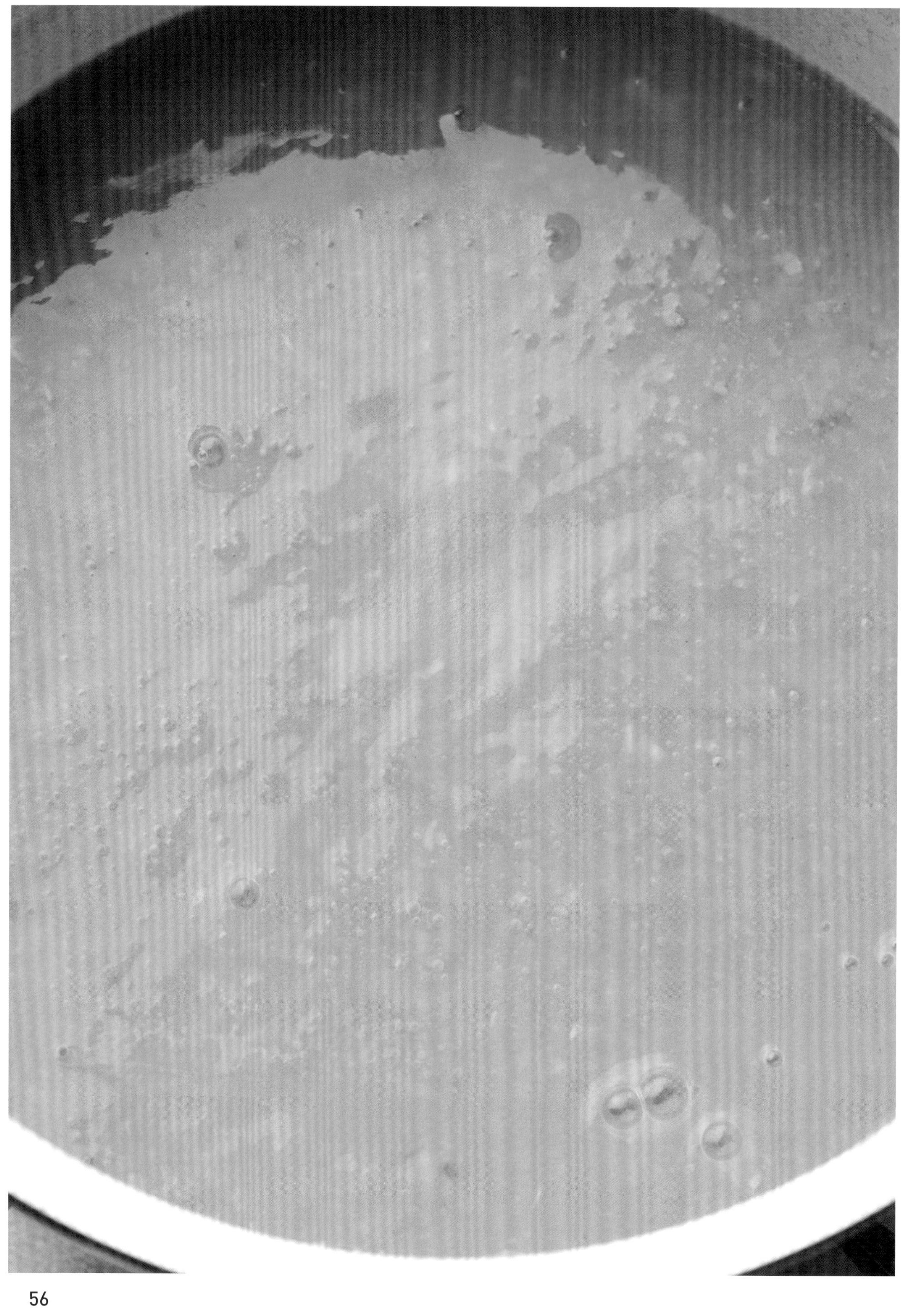

扁豆糊

DAL BASE

在日本，一般對於印度咖哩的印象可能大多是像雞肉咖哩或絞肉咖哩等的肉類咖哩，但在印度當地，不使用動物性食材的蔬食咖哩才是絕對的主流。其中最大的原因是因為印度是素食主義者眾多的國家，但即使不是素食主義者，每週頂多只吃一次肉類料理的人其實也不太稀奇，飲食的核心仍然以蔬食為主。

在這些蔬食料理中，最主要的食材是富含蛋白質且價格較低廉的「豆類」。雖然在印度當然也會食用較大顆的鷹嘴豆和四季豆等的原形豆子，但另一方面，反而是將綠豆或小扁豆等小顆豆子磨碎的「扁豆糊」才是生活中的主要食材。其原文的「Dal（小扁豆）」不僅是原材料的名稱，同時也可以指稱「扁豆糊」這項料理。將「小扁豆」燉煮成柔滑如濃湯般的狀態後簡單調味成的「扁豆糊」，是印度當地幾乎每天都會吃的食物，如果以日本做比喻的話就像「味噌湯」般的存在。所以也像味噌湯一樣，扁豆糊在不同地區或家庭都會有各種不同的變化。

為了能做出各種不同的扁豆料理，在這裡首先先介紹基本的「扁豆糊」作法。

HOW TO MAKE DAL BASE

扁豆糊的作法

材料（4～8人份，完成時為800g）

綠豆仁（或是小扁豆，也可以將兩者混合）……160g
水……1000g～
蒜頭（壓碎）……24g
薑黃粉……2g
鹽……6g

食材memo

【綠豆仁】

▶ 將綠豆剝成兩半後去皮而成，是印度全國日常生活中常吃的食材。比較沒有特殊氣味且能比較快煮熟。

1

將綠豆仁洗過後，用網篩濾乾水分。

2

秤量鍋子的重量，將❶和水加入鍋中後開中火加熱。一開始綠豆仁會比較容易黏在一起，所以要一邊攪拌、一邊煮一段時間。

3

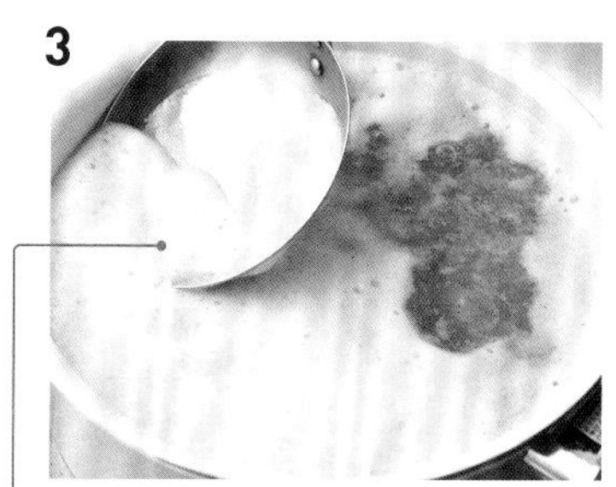

沸騰後撈除浮沫。

在這個步驟確實撈除浮沫，之後比較不會煮到溢出。

4

加入蒜頭、薑黃粉、鹽，蓋上鍋蓋，以小火加熱45～60分鐘，將綠豆仁燉煮至柔軟到能用指尖輕鬆壓碎。

5

如果鍋中的液體快要溢出，可以將鍋蓋稍微留一道隙縫燉煮。水分如果減少太多的話就加入適量的水，以最後完成時略多於800g為目標。

6

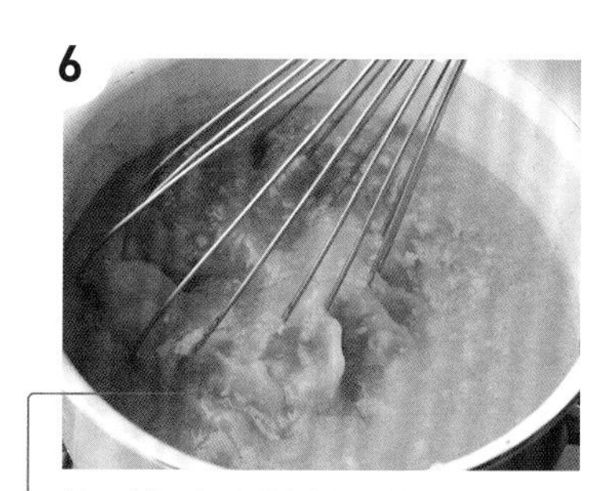

綠豆仁完全變得柔軟後，用打蛋器等攪拌，做成濃湯狀。

攪拌時有多少顆粒殘留，味道也會隨之改變。一開始盡量將綠豆仁攪碎至柔軟滑順，這樣一來即使是不太習慣這道料理的人也能輕易入口。

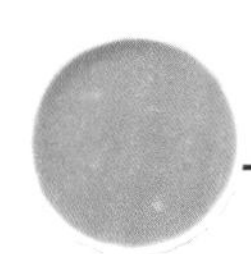

扁豆湯

DAL TADKA

在煮好的扁豆糊中加入以最低限度加熱萃取出的香辛料風味，這是一道印度的日常料理。非常樸素簡單，有著每天吃也不會膩的豐富滋味。

可以拿恰巴提薄餅沾著吃，或是隨意淋在飯上吃，這正是印度料理的基本。

材料（1人份，當作配菜則為2人份）

扁豆糊（➔p.58）	200g
水	30g
沙拉油	10g
孜然籽	1g
鷹爪辣椒（縱向切成一半後去籽）	1根
洋蔥（切成碎末）	30g
奶油	5g

1

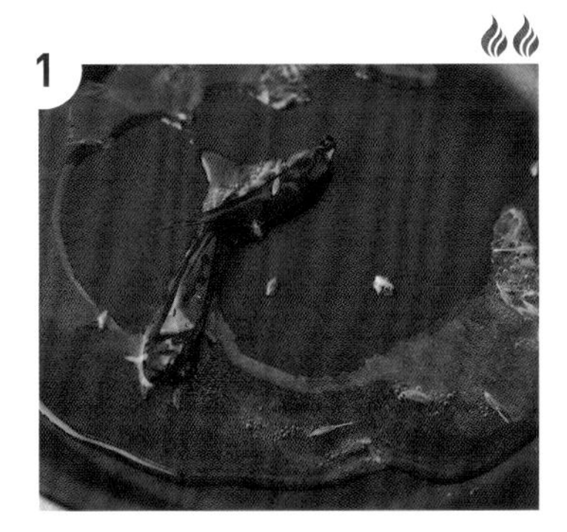

在鍋中加入扁豆糊和水，開火加熱。在平底鍋中放入沙拉油、孜然籽、鷹爪辣椒，開中火加熱（萃取出香氣）。

2

孜然籽開始稍微變色且散發出香氣後，加入洋蔥和奶油。

3

快速拌炒。

4

拌炒後加入❶的扁豆糊鍋中就完成了。

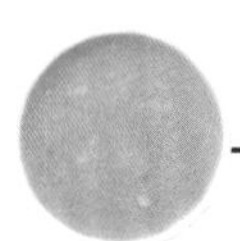

扁豆咖哩

DAL FRY

也許大多人會看到名稱中有「Fry」這個詞就認為是油炸料理，但原本英文中的「Fry」意義其實非常廣泛，例如煎荷包蛋在英語中也會稱為「Fried egg」。印度式英語中「Fry」的意義更加廣泛，在製作過程中以拌炒或燉煮為重要步驟的料理，或是以平底鍋、較淺的鍋子完成的料理等，即使看起來很像燉煮的料理，有時也會用「Fry」來稱呼。

這道扁豆咖哩是將香料蔬菜或香辛料和扁豆一起拌炒後燉煮，最後做出濃郁且醇厚的滋味。比起前面介紹的「扁豆湯」，這道料理也可說是更加接近「咖哩」的扁豆料理。在日本的印度料理店中會供應的「豆類咖哩」，大多都是這種類型的料理。因為味道很濃郁，所以很適合和饢餅一起享用。

材料（2人份）

Ⓐ
- 孜然粉 …… 1g
- 卡宴辣椒粉 …… 0.5g
- 鹽 …… 1g

沙拉油 …… 20g
孜然籽 …… 1g
鷹爪辣椒（縱向切成一半後去籽） …… 1根
洋蔥（切成碎末） …… 60g
獅子唐青椒（斜切成小片） …… 2根
香菜（也可用根部或莖部。切碎） …… 5g
奶油 …… 10g
番茄（切成小塊） …… 80g
扁豆糊（➜p.58） …… 300g

【配料】
香菜（切碎）、細薑絲 …… 各適量

1

將Ⓐ的香辛料和鹽混合備用。

2
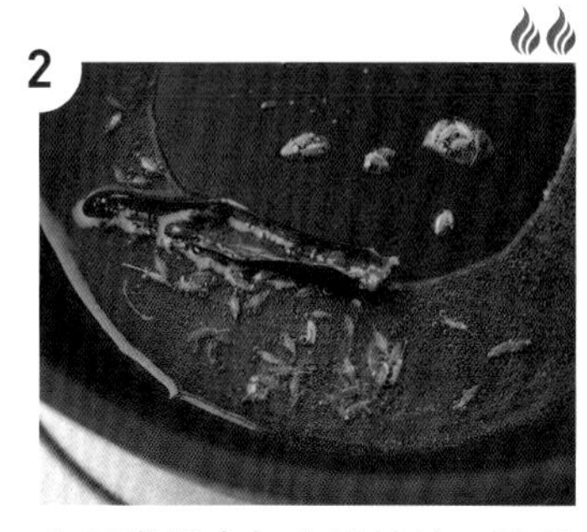

在平底鍋中加入沙拉油、孜然籽、鷹爪辣椒，並開中火加熱（加熱萃取香氣）。

3

當孜然籽稍微上色且產生香氣後，加入洋蔥、獅子唐青椒、香菜、奶油拌炒。

4

洋蔥炒到變得柔軟且稍微變色時，加入番茄繼續拌炒。

5

番茄煮至軟爛崩散的狀態。

6

加入❶的香辛料和鹽，拌炒至產生香氣。

7

加入扁豆糊。

8

輕輕攪拌並稍微燉煮。如果需要可加入少許水（額外分量），做出黏稠濃郁的感覺。盛入容器中，放上配料即完成。

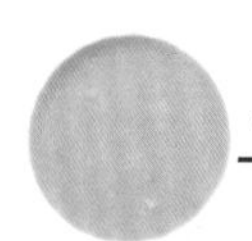

綠豆仁番茄羅望子湯

MOONG DAL RASAM

將「扁豆糊」以類似「昆布高湯」的方式來使用，做出南印度特有的酸辣湯品。決定味道的關鍵，就是黑胡椒和蒜頭的強烈風味，以及羅望子那帶著絕妙果香的濃郁酸味。這是一道典型的南印度風味料理，在當地會為了維持身體健康與促進食慾等目的，在日常生活中食用這道料理。不僅能當作湯品來飲用，淋在飯上像茶泡飯那樣清爽地食用更是這道料理的精髓。

在南印度大多會使用一種稱為「樹豆（Toor dal）」的豆子，但這裡介紹的食譜則是使用綠豆仁製作成的扁豆糊來延伸。如果可以取得樹豆的話，基本的作法都相同。雖然要花較長的時間燉煮，但能做出更具特色的風味。

材料（2人份，當作配菜則為4人份）

Ⓐ
- 黑胡椒粉 …… 4g
- 孜然粉 …… 1g
- 卡宴辣椒粉 …… 1g
- 鹽 …… 4g

【羅望子水】
- 羅望子 …… 10g
- 水 …… 100g

- 扁豆糊（➜p.58）…… 100g
- 水 …… 100g
- 番茄（切成小塊）…… 160g
- 香菜（切成碎末）…… 8g
- 沙拉油 …… 10g
- 芥末籽 …… 2g
- 鷹爪辣椒（縱向切成一半後去籽）…… 1根
- 咖哩葉（可以省略）…… 1小撮

1

將Ⓐ的香辛料和鹽混合備用。

2

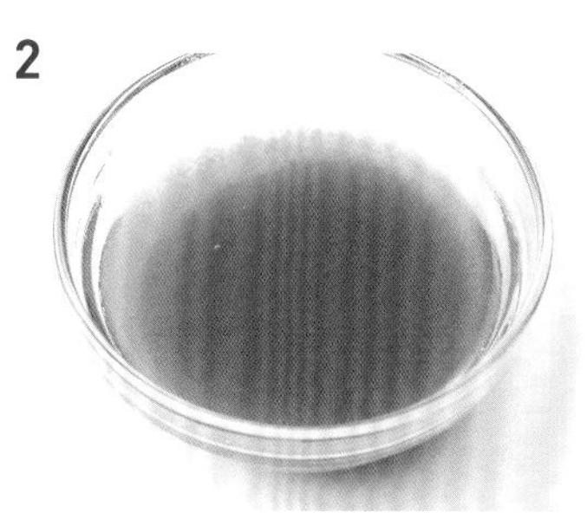

參考p.80的作法製作羅望子水備用。

3

在鍋中放入扁豆糊、水、❶、❷混合後開中火加熱。

4

沸騰後加入番茄和香菜，蓋上鍋蓋，再稍微燉煮至番茄軟爛崩散。

5

燉煮好的狀態。

6

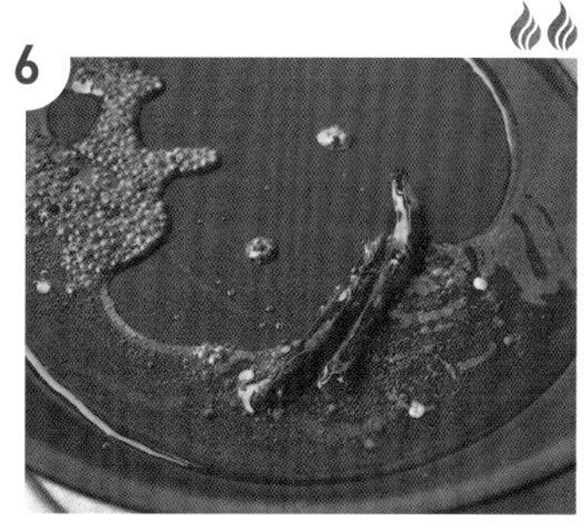

另取平底鍋並放入沙拉油、芥末籽和鷹爪辣椒，開中火加熱（加熱萃取香氣）。

7

芥末籽開始爆裂後加入咖哩葉（如果有的話）。

8

馬上關火，並且快速加入❺的鍋中。

馬鈴薯花椰菜瑪薩拉

ALOO GOBI MASALA

只用蔬菜製作且沒有湯汁的咖哩總稱為「Sabji」，在印度和扁豆糊並列為日常料理，其中最具代表性之一的料理便是這道「馬鈴薯花椰菜瑪薩拉」。在印度大多只會簡稱為「Aloo gobi」，直譯就是「馬鈴薯花椰菜」，是一道菜如其名的料理。如果要以日本料理來比喻，大概就是像「馬鈴薯燉肉」這樣的料理吧。

或許馬鈴薯和花椰菜是會讓人覺得味道清淡且沒有什麼特徵的食材，但其實兩者皆是非常出色的食材，各自有其豐富的鮮甜滋味。在這道料理中，借助香辛料的力量最大限度提引出兩者獨特的風味，說是印度蔬食料理傑作中的傑作也不為過。這道菜不論當作主菜或是配菜都是攻守兼備的料理，請務必加入日常料理的清單中。

材料（2人份）

Ⓐ
- 香菜籽粉……1g
- 孜然粉……1g
- 薑黃粉……1g
- 卡宴辣椒粉……1g
- 葛拉姆瑪薩拉綜合香辛料……少許（0.3g）
- 鹽……2g

Ⓑ
- 馬鈴薯（去皮後切成塊狀）……150g
- 花椰菜（切分成方便食用的大小）……120g
- 四季豆（切成約2cm長）……30g
- 薑黃粉……少許（0.3g）
- 水……100g
- 鹽……2g

- 沙拉油……30g
- 孜然籽……1g
- 鷹爪辣椒（縱向切成一半後去去籽）……1根

Ⓒ
- 洋蔥（以喀拉拉切法切好➜p.7）……60g
- 蒜薑泥（➜p.9）……16g

- 番茄（切成小塊）……80g

1

將Ⓐ的香辛料和鹽混合備用。

2

在鍋中放入Ⓑ的食材後開中火加熱，蓋上鍋蓋，燜煮約3分鐘讓蔬菜煮至還略帶硬度。

3

在平底鍋中放入沙拉油、孜然籽、鷹爪辣椒後開中火加熱（加熱萃取香氣）。孜然籽稍微變色且散發出香氣時，加入Ⓒ拌炒。

4

炒到洋蔥變柔軟且呈半透明狀時，加入番茄繼續拌炒。

5

將番茄煮至軟爛崩散後加入❶拌炒。

6

待香辛料產生香氣，將❷連同燜煮產生的湯汁一起加入，整體充分混合攪拌後蓋上鍋蓋，以小火加熱。

如果水分不太夠的話就加入少許水。

7

蔬菜完全變軟後打開鍋蓋，讓水分蒸發同時攪拌燉煮。

8

蔬菜煮到最後有點崩散會比較好吃。完成時的分量以400g為基準。

秋葵羅望子咖哩

TAMARIND CURRY WITH LADY FINGER

以明顯的酸味為重點，搭配香料蔬菜和香辛料等，做出多層次的滋味，是印度當地人特別喜歡的滋味之一。

這種類型的料理在日本的印度料理店中幾乎沒有見過，但對日本人來說，吃了的話會有種「鄉下奶奶做的料理」般，充滿不可思議的懷念感。選用豆科香辛料「葫蘆巴」進行「加熱萃取香氣」後再燉煮，其產生的風味某種程度上有些類似味噌或醬油，實際品嚐時羅望子的酸味也有點類似梅乾，也許就是因為這樣才充滿懷念感吧。

這類型的料理也經常用茄子或其他瓜果類製作。特別推薦在夏季蔬菜盛產時的炎熱季節裡品嚐這道料理。

材料（1人份，當作配菜則為2人份）

Ⓐ
- 香菜籽粉 …… 4g
- 卡宴辣椒粉 …… 1g
- 薑黃粉 …… 1g
- 鹽 …… 3g

【羅望子水】
- 羅望子 …… 10g
- 水 …… 100g

- 秋葵（將每根切成2～3等分）……1包（約60g）
- 沙拉油 …… 15g
- 芥末籽 …… 1g
- 葫蘆巴籽 …… 1小撮（0.3g）
- 鷹爪辣椒（縱向切成一半後去籽）…… 1根

Ⓑ
- 咖哩葉（可省略）…… 1小撮
- 洋蔥（以喀拉拉切法切好➜p.7）…… 60g
- 蒜薑泥（➜p.9）…… 12g
- 獅子唐青椒（斜切成小片）…… 1根
- 香菜（根部或莖部也可以。切碎）…… 3g

- 番茄（切成小塊）…… 80g

1

將Ⓐ的香辛料和鹽混合備用。參照p.80製作羅望子水備用。

2

在平底鍋中放入沙拉油（額外分量）將秋葵煎過。用略多一點的油以油炸般的方式煎至稍微酥脆且上色後取出備用。

3

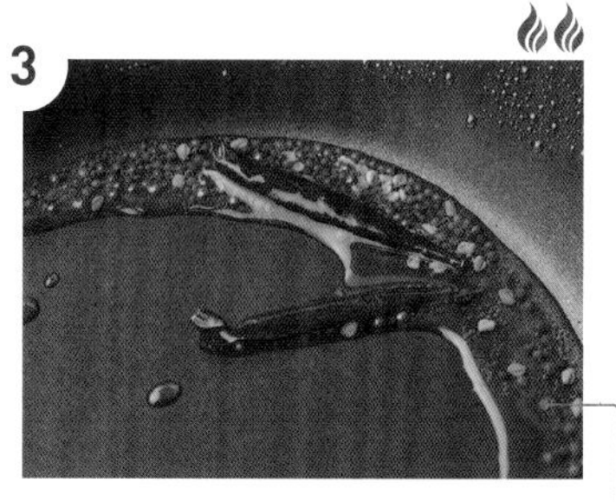

在平底鍋中放入沙拉油、芥末籽、葫蘆巴籽、鷹爪辣椒後以中火加熱（加熱萃取香氣）。

也可以用❷剩下的沙拉油。

4

芥末籽開始爆裂後加入Ⓑ的所有材料，拌炒至洋蔥變得柔軟為止。

5

加入❶的香辛料和鹽拌炒。

6

如果水分變少不好拌炒的話，可以先在這裡加入❶的部分羅望子水一起拌炒。

7

將❶的羅望子水和番茄加入。

8

番茄煮至軟爛崩散後加入❷的秋葵，燉煮一下即完成。

椰香蔬菜咖哩

AVIAL

這是南印度代表性的蔬食咖哩之一。和其他咖哩比起來作法比較簡單，但或許反而是一道較難「品味」的料理。因為對日本人來說，這是一種完全未知的風味。這道咖哩和一般所熟悉的咖哩滋味完全不同，如果吃了覺得很好吃的話，那麼你可能是個真正喜歡南印度料理的人。

「椰香蔬菜咖哩」是南印度特有的料理，根據地區不同大致上分為2種變化型。一種是將蔬菜燜煮好後，再以加入香辛料的椰漿醬以像芝麻醬涼拌的方式製作的涼拌菜。另一種是在剛剛做好的涼拌菜中，再加入優格增添少許水分。這裡介紹的食譜類似後者，但由於在日本較難取得新鮮的椰子果肉，因此用椰奶和椰子粉的組合來重現這道料理。

材料（2人份）

Ⓐ
- 各種蔬菜（馬鈴薯、紅蘿蔔、小黃瓜、四季豆等。切成相同大小的棒狀）……共200g
- 水……50g
- 鹽……2g
- 薑黃……少許（0.3g）

Ⓑ
- 獅子唐青椒……1根
- 椰奶……80g
- 椰子粉……20g
- 優格……30g
- 鹽……1g
- 芥末籽……2g
- 鷹嘴辣椒（縱向切成一半後去籽，再將長度切成一半）……1根
- 黑胡椒粒……1g
- 孜然籽……少許（0.3g）

- 沙拉油……10g
- 芥末籽……2g
- 咖哩葉（可省略）……1小撮

1 將Ⓐ的材料放入鍋內，蓋上鍋蓋用小火燜煮。

2 燜煮完成的樣子。

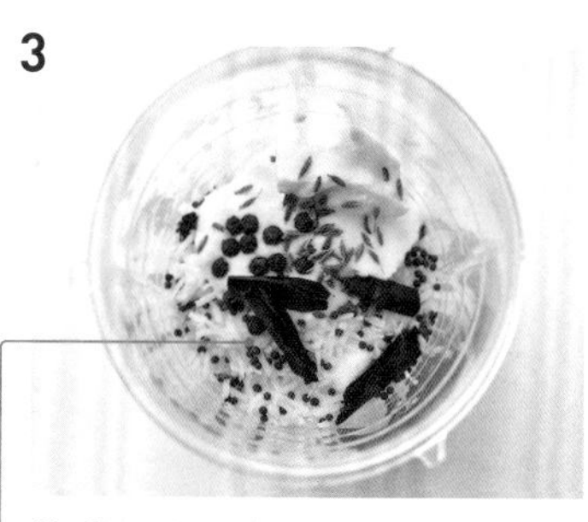

3 將Ⓑ用調理機打碎攪拌。

將芥末籽打碎後就會散發出辣味和香氣。

4 將❸加入❷中。

5 控制火候慢慢加熱，注意不要過度沸騰。

煮到沸騰優格會油水分離，所以請留意。

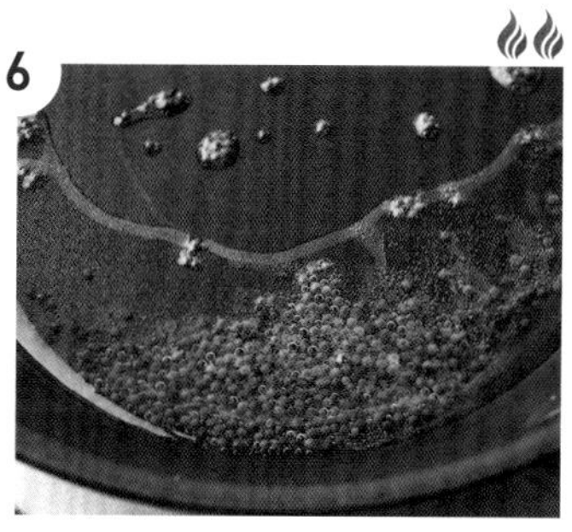

6 在平底鍋中放入沙拉油和芥末籽，開中火加熱。

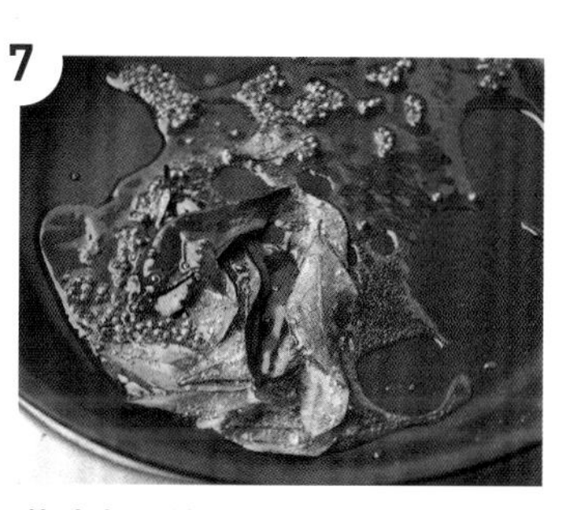

7 芥末籽開始爆裂後加入咖哩葉（有的話）並馬上關火。

8 馬上將❼倒入❺的鍋中，混合攪拌均勻即可。

喀拉拉風味雞肉咖哩

KERALA STYLE CHICKEN CURRY

以椰奶製作而成的異國風味雞肉咖哩。在南印度和斯里蘭卡地區，經常食用這種類型的咖哩。這個食譜來自印度西南部的喀拉拉邦，那裡是胡椒等香料和椰子的主要生產地區。斯里蘭卡也在海的另一端不遠處。

雖然這是一道極具當地特色的料理，但這種充滿濃郁鮮味且香醇濃稠的雞肉咖哩很容易被日本人接受並喜愛，最近在許多餐廳都能找到這種類型的咖哩，也成為本格派咖哩調理包的經典商品之一。

有些人可能會覺得這款咖哩的口味也很接近泰式咖哩。鮮明強烈的香料風味被椰奶溫和地包覆著，是會受日本人喜愛、滋味非常平衡的一道咖哩。

材料（2人份）

Ⓐ
- **帶骨雞腿肉**（切成塊狀。只將容易取下的部位去皮）……200g
- **香菜籽粉**……4g
- **孜然粉**……1g
- **卡宴辣椒粉**……1g
- **薑黃粉**……1g
- **黑胡椒粉**……1g
- **帶甜味的葛拉姆瑪薩拉綜合香辛料**（➜參考下述作法。沒有的話可以用一般的葛拉姆瑪薩拉代替）……2g
- **檸檬汁**……10g
- **蒜薑泥**（➜p.9）……16g
- **鹽**……4g

- **沙拉油**……15g
- **芥末籽**……1g
- **鷹爪辣椒**（縱向切成一半後去籽）……1根

Ⓑ
- **咖哩葉**（可省略）……1小撮
- **洋蔥**（以喀拉拉切法切好➜p.7）……60g
- **獅子唐青椒**（斜切成小片）……2根
- **香菜**（根部或莖部也可以。切碎）……5g

- **水**……100g
- **番茄**（切成小塊）……40g
- **椰奶**……80g

甜味葛拉姆瑪薩拉綜合香辛料

材料（方便製作的分量）

- 肉桂棒……6g
- 丁香……5g
- 茴香籽……5g
- 黑胡椒粒……3g
- 小荳蔻籽……1g

參考p.11作法將甜味葛拉姆瑪薩拉綜合香辛料的材料炒過後，用調理機打碎成粉末狀。在這道食譜中取出2g使用。

1

將Ⓐ的材料混合後揉捏入味。

2

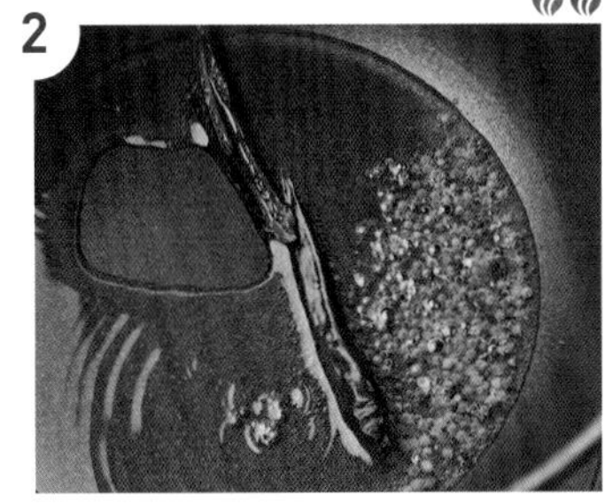

秤量鍋子的重量，再加入沙拉油、芥末籽、鷹爪辣椒，以中火加熱（加熱萃取香氣）。

3

待芥末籽開始爆裂後，加入Ⓑ的材料拌炒。

4

洋蔥加熱至透明變軟後，加入❶拌炒。

5

雞肉表面上色後，加入水和番茄。

6

沸騰後蓋上鍋蓋，以小火燉煮30分鐘。

7

燉煮完成。

8

調整水分讓鍋中的成品能達到350g，加入椰奶，稍微燉煮一下，讓整體能完全融合。

果阿風味豬肉溫達盧咖哩

GOAN PORK VINDALOO

雖然這是一道極具當地特色的特殊風味咖哩，但也是日本人會喜歡的味道。這道料理源自於葡萄牙的酒醋燉肉，果阿地區曾經是葡萄牙的殖民地，所以傳入之後加上了印度人喜歡的香辛料等要素，完成了這道料理。也因為有這段緣由，嚐起來帶有日本人所熟悉的「歐式咖哩」的味道，同時帶有辣味與酸甜滋味，讓人一吃就上癮。

雖然這道料理是非常下飯的代表性咖哩，但在果阿地區則是會搭配被稱為「果阿麵包」的圓麵包一起享用。果阿地區是印度中受到西方飲食文化深刻影響的區域，「果阿麵包」也是一種軟質鄉村麵包類的歐式麵包。

材料（4人份）

豬五花肉（整塊）		400g
Ⓐ	蒜薑泥（➜p.9）	32g
	紅甜椒粉	6g
	卡宴辣椒粉	2g
	香菜籽粉	2g
	孜然粉	2g
	薑黃粉	2g
	黑胡椒粉	2g
	甜味葛拉姆瑪薩拉綜合香辛料（➜p.71）	4g
	醋	40g
	鹽	8g
	砂糖	8g
沙拉油		30g
水		200g
洋蔥（切成半月狀）		200g
番茄（切成半月狀）		100g
蒜頭（壓碎）		16g

1

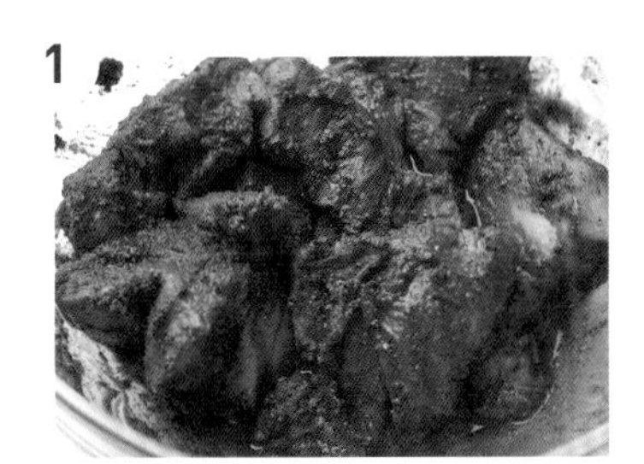

將豬肉切成8塊，放入Ⓐ的材料混合而成的「溫達盧調味醬」中醃漬（放入冰箱中最少醃漬3小時，可以的話醃漬2天以上）

2

秤量鍋子的重量，將沙拉油和❶連同醃漬的醬汁一起放入鍋中。開中火拌炒。

3

炒到肉的表面變色後加入水。

4

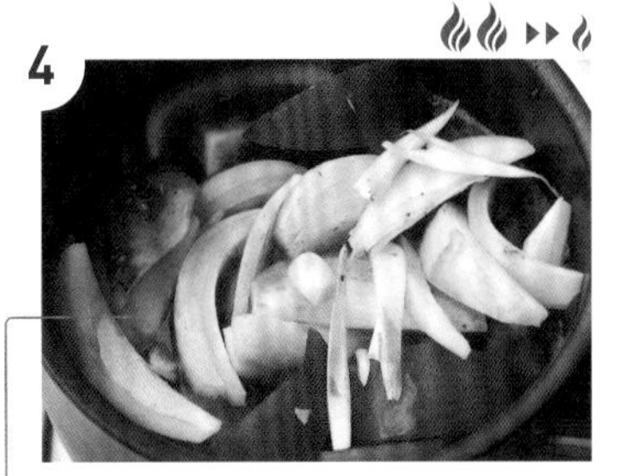

在肉之間的空隙埋進洋蔥、番茄、蒜頭，煮滾後蓋上鍋蓋以文火燉煮1小時。

以壓力鍋燉煮的話加壓20分鐘後放置自然冷卻。

5

燉煮完畢。打開鍋蓋，有必要的話再燉煮一下。煮至鍋中的重量略少於900g。

6

為了不要把肉煮到崩散，暫時只將肉取出。

7

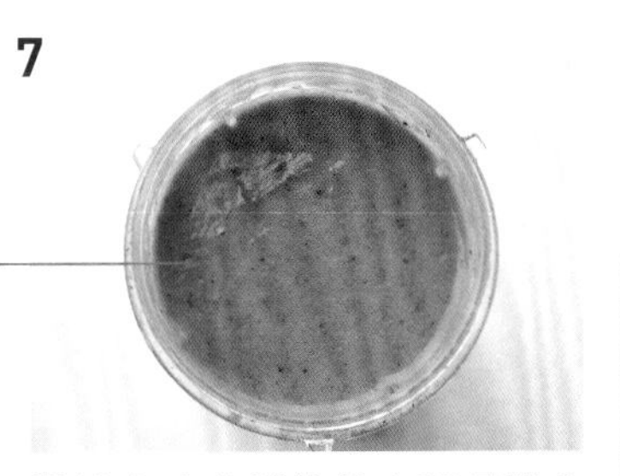

醬汁大略冷卻後放入調理機中打成糊狀，再次放回鍋中。

如果沒有調理機的話，可以用打蛋器稍微打碎至略微滑順狀即可。

8

開火讓鍋中的醬汁稍微沸騰之後，重新放入❻的肉稍微燉煮。完成重量為800g。

關火後稍待片刻，讓鍋中恢復平靜。

海德拉巴風味蕪菁牛肉咖哩

HYDERABADI SHALGAM BEEF

海德拉巴是印度南部內陸地區一個自古以來就很繁盛的城市。印度國內各地都有居住著很多穆斯林（伊斯蘭教教徒）的區域，這裡也是其中之一。穆斯林和印度教教徒自然而和諧相處的風景，在每天充斥宗教衝突新聞的現代生活中，可以說是相當令人感動的光景。這些穆斯林城鎮中的料理，有著跨地區的共同點，在穆斯林國家的巴基斯坦也經常會吃同樣的料理。

這道食譜非常簡單，肉質鮮嫩的牛肉和充分炒乾水分的濃郁醬汁相互交融，帶來樸實卻強而有力的滋味。蕪菁不需保持其形狀或顏色完整，反而要以將蕪菁煮到接近崩散、和醬汁融為一體的感覺燉煮。

材料（2人份）

- A
  - 牛肉（切成塊狀）……200g
  - 優格……30g
  - 香菜籽粉……2g
  - 孜然粉……2g
  - 薑黃粉……1g
  - 卡宴辣椒粉……1g
  - 葛拉姆瑪薩拉綜合香辛料……2g
  - 葫蘆巴葉（可省略）……1小撮（0.3g）
  - 鹽……4g
- 蕪菁……150g（約2個）
- 沙拉油……30g
- 洋蔥（與纖維方向垂直切成薄片）……60g
- B
  - 蒜薑泥（➜p.9）……16g
  - 月桂葉……1片
  - 獅子唐青椒（斜切成小片）……2根
  - 番茄（切成小塊）……60g
- 水……100g

1

將Ⓐ的材料混合後揉捏入味。最好能放入冰箱醃漬一整天。

2

將蕪菁和葉子分開，蕪菁切成半月狀，葉子取一部分切成小段，共計150g。

3

秤量鍋子的重量，加入沙拉油和洋蔥後開中火加熱。鍋中溫度上升，開始發出聲響時轉為小火慢慢充分地半煎炸，製作炸洋蔥。

4

當炸洋蔥變成褐色後加入Ⓑ的材料，以中火拌炒。

5

將番茄煮至崩散後接著加入❶拌炒。

6

肉的表面變色後加入水，沸騰後蓋上鍋蓋以小火燉煮約20分鐘。上圖是燉煮完的狀態。

7

等牛肉大致變軟後加入❷的蕪菁，蓋上鍋蓋以小火燉煮約10分鐘。

8

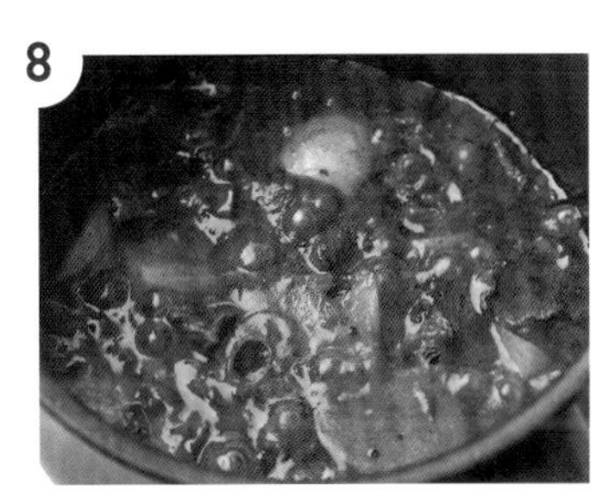

蕪菁煮至軟爛，加入水調整重量至略多於400g即完成。

坦米爾風味鮭魚咖哩

TAMIL STYLE SALMON MEEN PUTTU

將魚肉剝散後加入香辛料拌炒的魚肉咖哩。可說是用魚做的「絞肉咖哩」或是「魚鬆」。是放進一般便當裡也不會覺得突兀的味道。

使用簡單且少量的香辛料，使香料蔬菜成為這道料理風味的關鍵，但加熱萃取香氣時所加入的茴香籽，在口中迸發開來的口感與咀嚼時產生的香氣，將成為料理的亮點，充分發揮其充滿魅力的存在感。

在發源地坦米爾地區做這道料理時一般會使用鯊魚肉，鯊魚肉雖然有氨味，但只要將魚肉細細剝散並拌炒，就能完全去除異味，成為一道口味適宜的料理。如果是位於能夠取得鼠鯊等鯊魚肉切片的地區，請不妨嘗試用鯊魚肉製作，會更貼近當地風味。當然除了鯊魚之外，也可以用如鰤魚或鯖魚等其他魚類來製作。

材料（2人份）

鮭魚切片	160g
Ⓐ 薑黃粉	1g
Ⓐ 卡宴辣椒粉	1g
Ⓐ 黑胡椒粉	2g
Ⓐ 鹽	3g
沙拉油	30g
芥末籽	2g
鷹爪辣椒（縱向切成一半後去籽）	1根
茴香籽	2g
Ⓑ 咖哩葉（可省略）	1小撮
Ⓑ 蒜頭（切成碎末）	5g
Ⓑ 洋蔥（切成碎末）	120g
獅子唐青椒（斜切成小片）	4根
香菜（切碎）	4g
檸檬汁	8g

1

將鮭魚用微波爐等加熱，大致冷卻後去掉細的魚骨和魚皮，大略剝散備用。

也可以用鹽水浸漬過、鹹味較溫和的鮭魚。這時將Ⓐ中的鹽減至1g。

2

將Ⓐ的香辛料和鹽混合備用。

3

在平底鍋中放入沙拉油、芥末籽、鷹爪辣椒，並開中火加熱（加熱萃取香氣）。

4

待芥末籽開始爆裂後再加入茴香籽。

5

芥末籽大概都裂開後加入Ⓑ的材料拌炒。

6

將洋蔥炒熟後加入獅子唐青椒拌炒。

7

加入❶和❷繼續拌炒。

8

加入香菜和檸檬汁，快速混合拌炒後就完成了。

喀拉拉風味
婚禮必備魚肉咖哩

KERALA STYLE FISH CURRY FOR WEDDING

帶有酸味和香辛料的獨特風味，同時濃郁的滋味會令人聯想到日本的「味噌煮鯖魚」。在這道料理中雖然使用的是鰤魚，但也可以用鯖魚、鰆魚等，只要是油脂豐富且肉質緊實的魚都能做得相當美味。總之是一道非常下飯的料理。

在印度有許多「沒有名稱的咖哩」，而這道咖哩是我在喀拉拉邦的古都科契時，向專精料理的當地主婦學到的其中一道料理。當我問她這道咖哩叫什麼名字時，她只說自古來以來都只簡單地稱為「魚肉咖哩」。

印度的咖哩一般來說是當天製作且當天品嚐，但這道咖哩在放置一天後會變得更入味更好吃，是在事前準備非常忙碌的結婚典禮等場合中經常出現的料理。聽說有這樣的故事，所以我便擅自將這道咖哩命名為「婚禮必備咖哩」。

材料（2人份）

【羅望子水】
- 羅望子 …… 10g
- 水 …… 100g

- A 薑黃粉 …… 1g
- A 卡宴辣椒粉 …… 1g
- A 紅甜椒粉 …… 3g
- A 甜味葛拉姆瑪薩拉綜合香辛料（➔p.71）…… 1g
- A 鹽 …… 2g
- A 水 …… 10g
- 沙拉油 …… 15g
- 芥末籽 …… 2g
- 葫蘆巴籽 …… 1g
- 鷹爪辣椒（縱向切成一半後去籽）…… 2根
- B 咖哩葉（可省略）…… 1小撮
- B 洋蔥（用喀拉拉切法切好➔p.7）…… 30g
- B 蒜薑泥（➔p.9）…… 12g
- 砂糖 …… 2g
- 鰤魚切片 …… 2片（160g）

1

參考p.80的作法，製作羅望子水備用。

2

將Ⓐ的材料混合，製作香辛料糊備用。

3

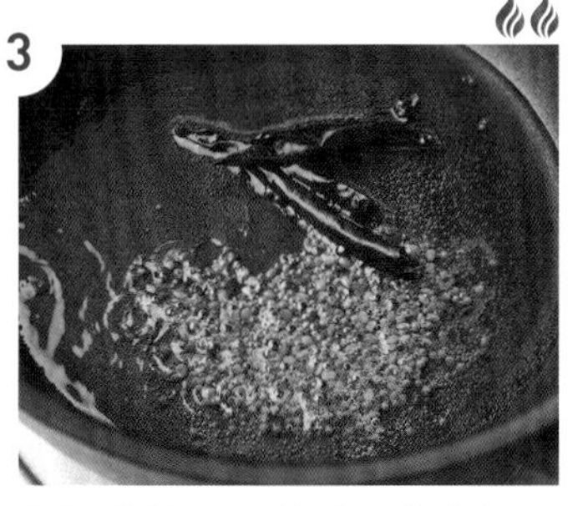

在鍋中放入沙拉油、芥末籽、葫蘆巴籽、鷹爪辣椒，開中火加熱（加熱萃取香氣）。

4

待芥末籽開始爆裂，再加入Ⓑ拌炒。

5

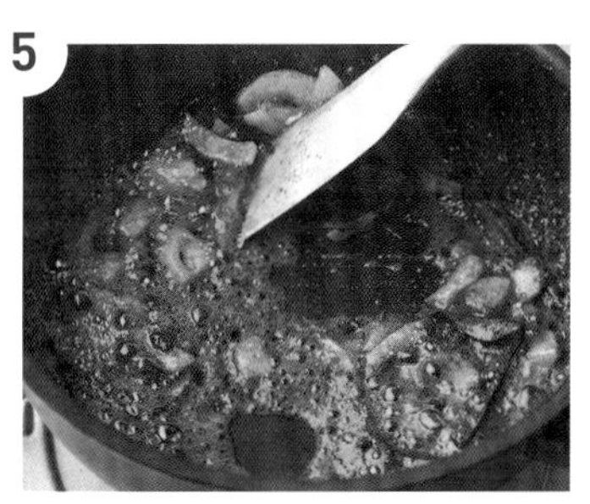

洋蔥炒至變得透明柔軟後，加入❷繼續拌炒。

6

香辛料開始產生香氣後，加入❶和砂糖一起煮至沸騰。

7

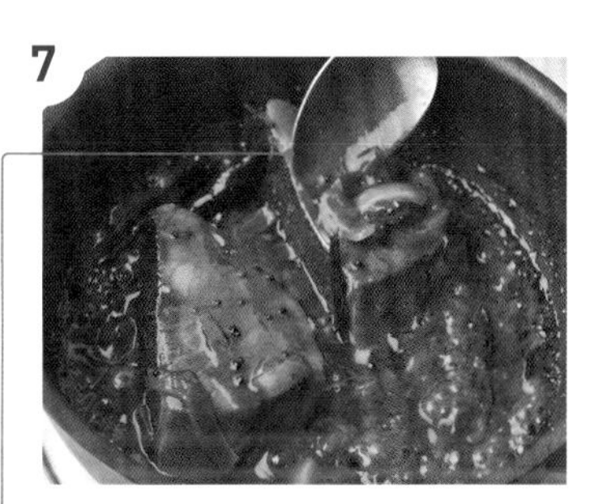

沸騰後加入鰤魚。

如果魚肉較厚，可以不時用湯匙淋上醬汁。

8

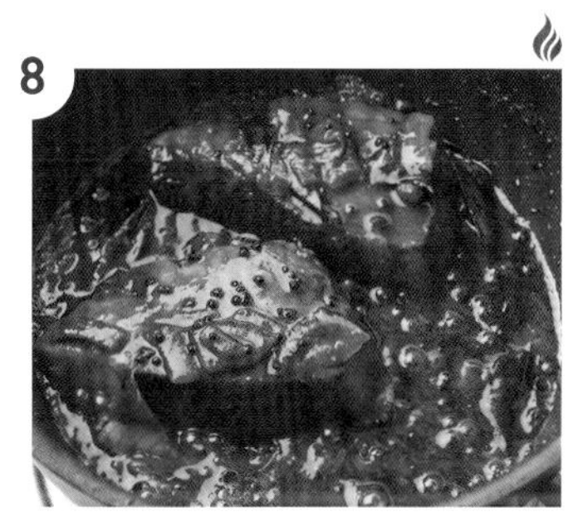

蓋上比鍋子略小一圈的鍋蓋（或烘焙紙等），以小火燉煮。燉煮到魚肉熟透且湯汁呈現濃稠感就完成了。

MAKE TAMARIND WATER

HOW TO

羅望子水的作法

羅望子能為咖哩增添濃郁的風味與酸味，即使充分加熱酸味也不太會消失，這也是其與檸檬汁等不同的特點之一。

在製作咖哩時，會加入以溫水搓揉產生的汁液（羅望子水）。

食材memo

【羅望子】

▶ 羅望子是將豆科植物的果實乾燥製成果乾狀，其帶有以酸味為主的濃厚風味，加上微微的甜味。

簡易快速的羅望子水作法

材料（便於製作的分量）

羅望子	10g
水	100g

1

將材料放入耐高溫的調理盆中，用微波爐（700W）加熱1分鐘，使羅望子軟化。

2

用手指搓揉出果汁。

3

用茶篩過濾。

4

用手指按壓在茶篩中的羅望子，取出更多果汁。

5

羅望子水製作完成。

第3章

不為人知的專業技巧

餐廳等級的印度料理

RESTAURANT-STYLE INDIAN CURRY

用便利實用的
「洋蔥香料醬」
來製作風味優雅的
餐廳等級咖哩吧！

洋蔥香料醬又稱為「水煮洋蔥香料醬」，以水煮過的洋蔥為主，並加入預先混合好、製作咖哩時不可或缺的香料蔬菜和最基本的少量香辛料，是一種用途非常廣泛的醬汁。只要在這款醬汁中加入配料或香辛料，就能做出各種不同的咖哩。此外，加入鮮奶油或菠菜泥等輔助食材混合，便能使風味更佳豐富多變。

因為不管製作什麼都很方便使用，也有便於一次大量製作的特點，所以一般印度料理店所提供的咖哩，大多都是以這款醬汁為基底。

這款醬汁主要有以下2種優點。

1

只要做好醬汁備用，就可以在短時間內完成各種不同口味的咖哩。

這是對餐廳來說非常方便的特點，不過如果能一次製作大量醬汁冷凍備用，對一般家庭來說應該也很便利。

2

可以做出不論是誰都會喜歡、口感濃郁豐潤且滋味高雅的咖哩。

非常滑順，帶有恰到好處的濃稠感並充滿洋蔥的鮮甜滋味，能做出不太習慣異國料理的人也容易入口、符合預期中滋味的咖哩。

不過反過來說，也有「做出來的咖哩很容易都是類似的味道」這個缺點。所以不要僅依賴這個醬汁，使用一些輔助食材或改變調理的方法等，創造出充滿特色的滋味是非常重要的。這點不管是餐廳或一般家庭都適用。當然在本書中也會介紹各種不同的變化。

MAKE ONION GRAVY

HOW TO

洋蔥香料醬的作法

材料（約咖哩10人份）

	材料	份量
A	洋蔥（去皮後切成4等分）	1000g
A	水	1000g
A	鹽	10g
	沙拉油	100g
	蒜薑泥（➜p.9）	80g
	番茄糊	200g
B	薑黃粉	5g
B	紅甜椒粉	5g

1

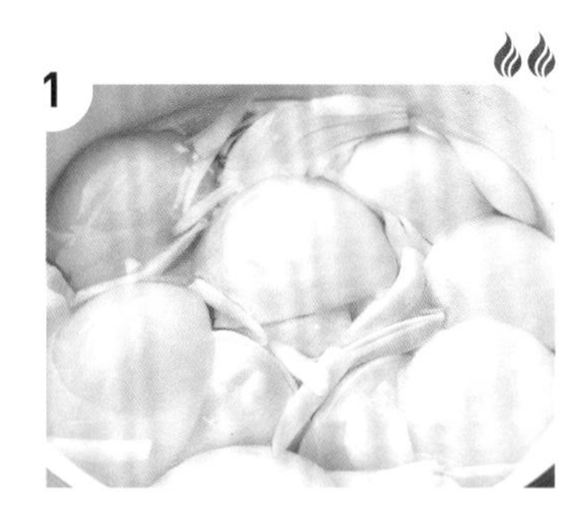

秤量鍋子的重量，將Ⓐ的材料放入鍋中開中火加熱。

2

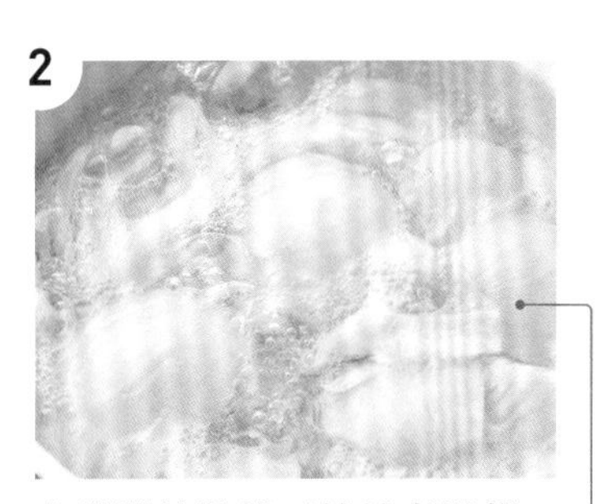

在沸騰的狀態下持續煮洋蔥。最終的目標是熬煮至剩下一半的量，可以根據實際狀況調整火力，並添加適量的水（額外分量）。

不要蓋上鍋蓋，讓洋蔥的特殊氣味消散是料理重點。

3

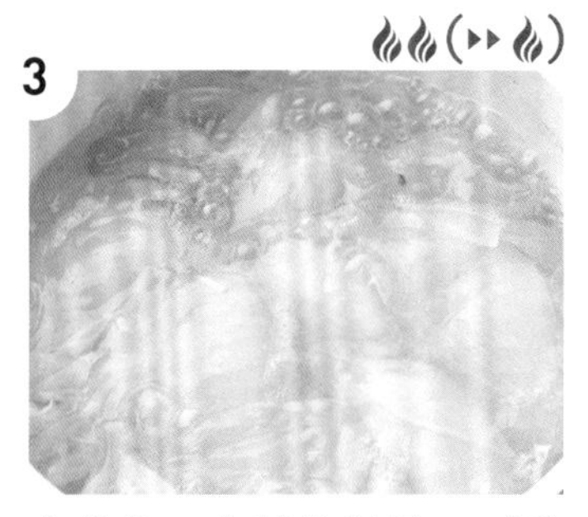

水煮約30分鐘後秤量一下重量。如果接近1000g的話就蓋上鍋蓋，以小火煮。如果超過1000g很多的話，就不需蓋上鍋蓋直接繼續煮。約要再煮10分鐘以上，煮至洋蔥完全變軟為止。

4

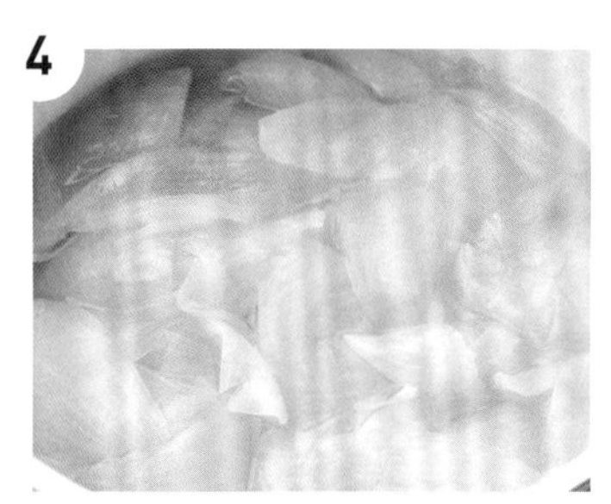

最後煮至略多於1000g後直接放置冷卻。在冷卻的過程中重量應該會再減少一些。

5

另取一鍋秤量重量，放入沙拉油之後開中火，再加入蒜薑泥拌炒。

6

炒至蒜薑泥刺激的特殊氣味消散、開始散發出香氣後，加入番茄糊和Ⓑ熬煮。

7

將鍋中熬煮至約300g後暫時完成。關火。

8

❹冷卻後連同湯汁一起放入調理機，攪打至呈滑順的泥狀，倒回鍋中。

如果沒有調理機可以用打蛋器一邊壓碎一邊攪打，能做出一定程度的滑順質地，也不失為一種作法。

9

在❽中加入❼，開中火加熱，充分攪拌且煮至稍微沸騰即完成。完成的重量大約以1200～1300g為基準。

10

分裝成每包為240g～250g（約2人份）之後冷凍保存，要用的時候就很方便。

洋蔥香料醬的基本用法

主要食材

肉類等以拌炒或燉煮的方式煮至熟透。

➕

追加香辛料

基本上會用孜然粉、葛拉姆瑪薩拉綜合香辛料、卡宴辣椒粉這3種。

➕

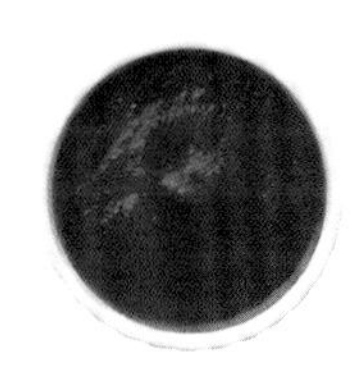

洋蔥香料醬

當作咖哩醬汁的基底。

➕

輔助食材

加入各種醬料或乳製品等做出更多變化。

調整辣度

以2人份咖哩為例

這個章節中的食譜會配合日本印度料理餐廳的風格來製作，辣度可以自由調整（卡宴辣椒粉的量）。一般來說推薦「HOT」等級的辣度。

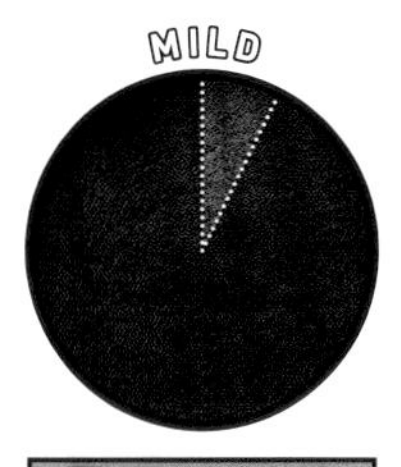

最溫和辣度

（不辣～小辣）
卡宴辣椒粉完全不加～1小撮（0.2g）

微辣

（中等辣度）
卡宴辣椒粉0.5g

辣味

（一般辣度）
卡宴辣椒粉1g

大辣

（超高辣度）
卡宴辣椒粉2g

主廚特製雞肉咖哩
CHEF'S CHICKEN CURRY

這是一道能將洋蔥香料醬的特色最大化、作法簡單且使用的都是印度咖哩基本製作技巧，卻能有高完成度的食譜。從邏輯面來說，咖哩中不可或缺的洋蔥已經事前在製作醬汁的過程中完全加熱變軟，所以可以在短時間內高效地呈現出經過仔細熬煮後深邃且濃郁的順滑口感。此外，因為加入了大量洋蔥，其自然的甜味被濃縮成醇厚的滋味，使洋蔥的味道更加明顯而美味。

因為將雞肉切得比較小塊，所以可以快速煮熟，而且在短時間內就能讓香料充分滲透融合。這道食譜也可以用羊肉或牛肉等其他肉類來製作，但如果使用其他肉類的話，請增加在步驟❷的燉煮時間。

材料（2人份）

Ⓐ
- 沙拉油 …… 10g
- 小荳蔻籽（稍微壓開豆莢。可省略）…… 2顆
- 丁香（可省略）…… 2顆
- 洋蔥香料醬（➜p.84）…… 40g
- 雞腿肉（去皮後切成小塊＜每塊約16g＞）…… 160g
- 孜然粉 …… 2g
- 葛拉姆瑪薩拉綜合香辛料 …… 2g
- 卡宴辣椒粉 …… 0～2g（依喜好調整辣度）
- 鹽 …… 2g

水 …… 50g
洋蔥香料醬（➜p.84）…… 200g
葫蘆巴葉（可省略）…… 1小撮

1

事先秤量鍋子的重量。將Ⓐ的材料放入鍋中，開中火拌炒。

2

肉的表面變色且香辛料散發出香氣後加入水，煮至沸騰後蓋上鍋蓋以小火燉煮10分鐘。

3

燉煮完畢。重量調整至略多於200g。

4

轉為中火，並加入洋蔥香料醬200g。

5

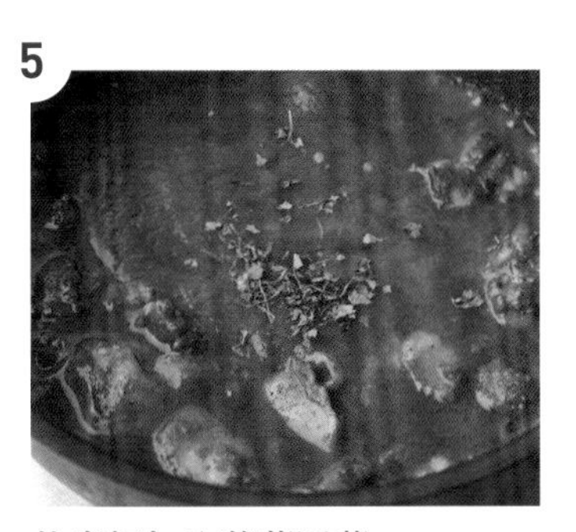

依喜好加入葫蘆巴葉。

6

稍微燉煮至整體融合。完成時的重量為400g。

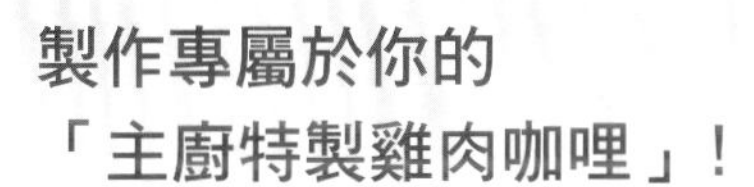

製作專屬於你的「主廚特製雞肉咖哩」！

在印度料理餐廳中，基本的雞肉咖哩經常會被用來當作招牌菜單。在這種情況下，主廚可以透過額外加入的香辛料或稍微調整製作方式，來呈現自己獨特的風格。對於已經製作過前面章節中各種咖哩的人來說，說不定也會想到許多不同的小巧思吧。

如果要在餐廳中提供這種類型的咖哩，我可能會在咖哩中加入一些黑胡椒，並用香菜取代葫蘆巴葉來製作，提供給各位參考。

溫潤嫩燉豬肉咖哩

MILD PORK CURRY

製作方式非常簡單。只要將肉類水煮後再和其他材料混合並稍微燉煮就能完成了。這是在日本平價印度料理餐廳中最基本的作法。為了更加貼近這種作法，我在這道食譜的調味中使用了雞高湯顆粒，做出更像外食餐點、更容易被接受的滋味。如此一來應該能夠再現出大家熟悉的「那種味道」。當然也可以使用雞肉等其他肉類。

為了讓這道料理容易入口，將香辛料的使用比例調配到比較溫和不刺激，完成時再放上細薑絲，味道就會瞬間變得更加華麗豐富。當然香辛料的使用量也可以依照喜好增加，但有時能享受這樣令人安心的沉穩滋味也很不錯！

材料（2人份）

Ⓐ
- 豬肉（切成較小的塊狀＜16g＞）……160g
- 鹽……1g
- 水……100g

洋蔥香料醬（➜p.84）……240g

Ⓑ攪拌混合
- 孜然粉……2g
- 葛拉姆瑪薩拉綜合香辛料……1g
- 卡宴辣椒粉……0～2g（依喜好調整辣度）

雞高湯顆粒……2g

細薑絲……喜好的量

1

秤量鍋子的重量，將Ⓐ的材料放入鍋中，開中火加熱。

2

煮至沸騰後撈除表面的浮沫，蓋上鍋蓋以小火加熱20～30分鐘，燉煮至豬肉變得柔軟。

3

燉煮完畢。將鍋中的重量調整至200g左右。

4

轉為中火，加入洋蔥香料醬。

5

加入Ⓑ和雞高湯顆粒。

6

稍微燉煮至鍋中重量為400g。盛入容器中，放上細薑絲當配料會更好。

Inada's Voice

洋蔥香料醬的陷阱

用這麼簡單的作法也能做出非常美味的咖哩，正是洋蔥香料醬的優秀之處。不過如果不論雞肉、蔬菜或絞肉等，什麼材料都用這個方式製作的話，咖哩的世界會瞬間變得非常無趣。所以這是一道必須好好判斷要在何時使用的食譜。

濃郁絞肉咖哩

CREAMY KEEMA CURRY

如果以不辣的方式製作小孩也能一起享用，是一道滋味非常溫和且很好入口的絞肉咖哩。如果以優格或牛奶取代食譜中的鮮奶油，就能做出更加清爽的美味咖哩。這時候加入一些奶油也很好。

這道食譜比傳統的絞肉咖哩使用更少量的絞肉，反而是一道以醬汁為主的咖哩，不過因為洋蔥香料醬本身就已經非常美味了，所以即使只用少量的肉類也能製作出滿滿的鮮味和濃郁感。

使用絞肉製作，只要花很短的時間就能完成也是其吸引人之處。可以依個人喜好搭配麵包或溫熱蔬菜一起享用，是非常適合當作假日早午餐的咖哩對吧！

材料（2人份）

- Ⓐ
  - 雞絞肉 …… 160g
  - 水 …… 50g
  - 鹽 …… 2g
- 洋蔥香料醬（➜p.84）…… 240g
- Ⓑ混合攪拌
  - 孜然粉 …… 2g
  - 葛拉姆瑪薩拉綜合香辛料 …… 2g
  - 卡宴辣椒粉 …… 0～2g（依喜好調整辣度）
- 鮮奶油 …… 30g

1

秤量鍋子的重量，加入Ⓐ的材料並開中火加熱。

2

一邊將雞絞肉撥散一邊炒熟，將重量調整至160g。

3

加入洋蔥香料醬。

4

再加入Ⓑ。

5

稍微燉煮至重量略低於400g。

6

加入鮮奶油，整體混合攪拌後關火即完成。

綜合蔬菜咖哩

MIXED VEGETABLE CURRY

不使用肉或海鮮，僅使用植物性食材（及乳製品）製作而成的「蔬食咖哩」在印度反而是主流，但在日本，可能會讓某些人覺得少了一些鮮味或濃郁感（當然感覺是因人而異）。不過，如果是這道咖哩的話就不用擔心這個問題了。因為在製作洋蔥香料醬時使用的番茄和洋蔥，以及配料的各種蔬菜，不管哪種都是蔬菜中相當富有鮮甜味的濃郁食材，這是一道最後將蔬菜的所有鮮味凝縮其中的咖哩。而香辛料中的孜然也擔任了襯托出這種鮮甜滋味的角色。

以優格取代鮮奶油的話，濃郁感會稍微減少，但滋味會變得更加鮮明，我個人也非常推薦。

材料（2人份）

- Ⓐ
  - 各種蔬菜（馬鈴薯、花椰菜、紅蘿蔔、四季豆、青豆等。皆切為一口大小）……共160g
  - 水……50g
  - 鹽……2g
- 洋蔥香料醬（➜p.84）……240g
- Ⓑ混合攪拌
  - 孜然粉……2g
  - 葛拉姆瑪薩拉綜合香辛料……1g
  - 黑胡椒粉……1g
  - 卡宴辣椒粉……0～2g（依喜好調整辣度）
- 葫蘆巴葉（可省略）……1小撮
- 鮮奶油……30g

1

秤量鍋子的重量，加入Ⓐ的材料，蓋上鍋蓋並開小火加熱。

2

蔬菜燜煮約10分鐘直到熟透，將鍋中重量調整至160g。

3

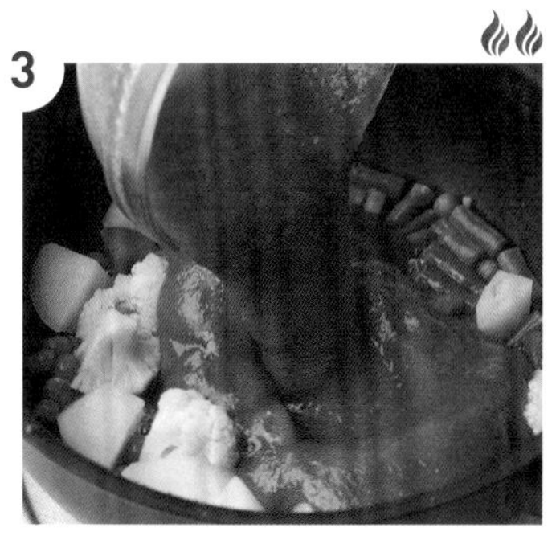

轉為中火，加入洋蔥香料醬。

4

加入Ⓑ之後稍微燉煮，將鍋中重量調整至略少於400g。

5

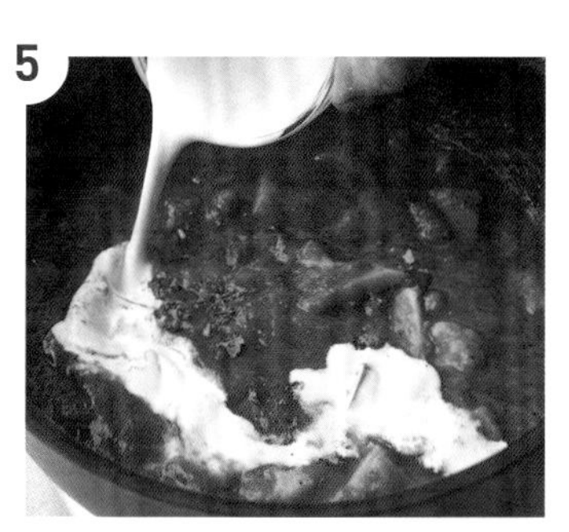

接著依喜好加入葫蘆巴葉和鮮奶油。

6

整體混合攪拌後關火即完成。

印度番茄辣雞肉咖哩
CHICKEN JALFREZI

印度的「Jalfrezi」是指用很多配料炒煮而成的咖哩。這是一道可以像炒蔬菜那樣輕鬆製作的食譜。

食譜中使用的洋蔥香料醬多一點或少一點都沒關係，所以如果剩下的洋蔥香料醬分量有點微妙的話，就可以活用在這道食譜中。

將雞肉或蔬菜等配料的一部分以其他食材取代也沒關係，所以也很適合拿來清冰箱剩餘的食材。當然也非常適合當成便當菜。

材料（2～3人份）

沙拉油 …… 30g
孜然籽 …… 2g
雞腿肉（切成小塊）…… 160g
洋蔥（以喀拉拉切法切好➜p.7）…… 120g
青椒（切成細絲）…… 60g
番茄醬 …… 30g

A 混合攪拌
- 孜然粉 …… 2g
- 卡宴辣椒粉 …… 0～2g
- 葛拉姆瑪薩拉綜合香辛料 …… 2g
- 鹽 …… 4g

洋蔥香料醬（➜p.84）…… 120g（增加到240g也可以）

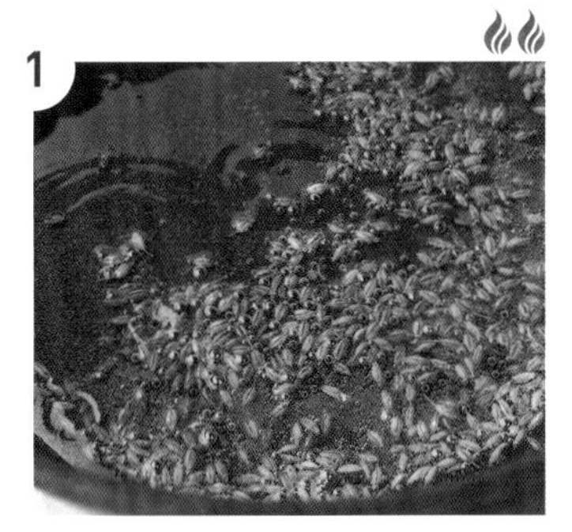
1 將沙拉油和孜然籽以中火加熱（加熱萃取香氣）。

2 加入雞肉拌炒。

3 雞肉變色後，加入洋蔥和青椒繼續拌炒。

4 加入番茄醬和A繼續拌炒。

5 炒到香辛料產生香氣後，加入洋蔥香料醬。

這裡使用120g。如果增加洋蔥香料醬的分量，成品的湯汁會比較多。

6 快速拌炒混合。盛盤後也可依喜好放上細薑絲、番茄、香菜（皆為額外分量）。

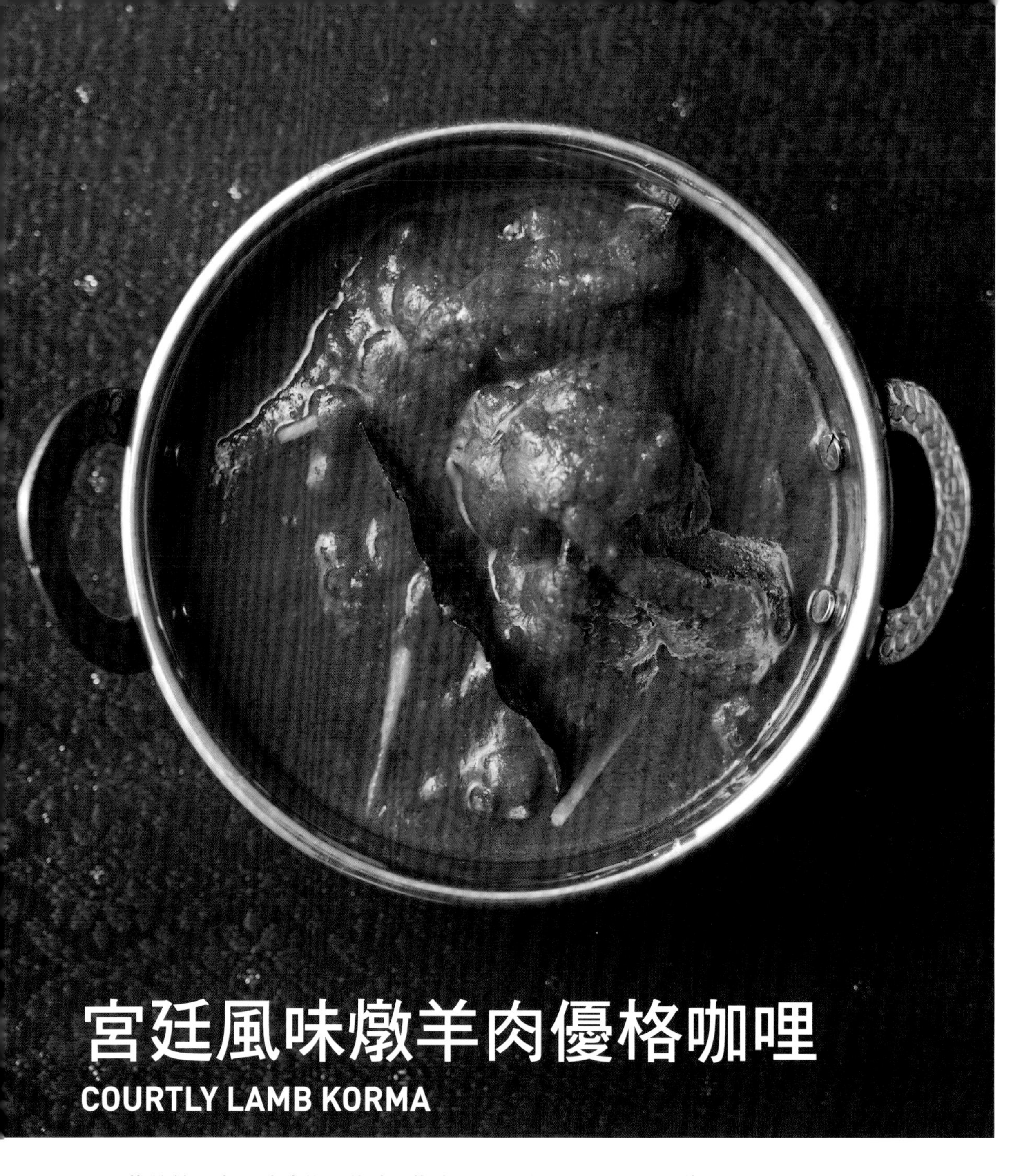

宮廷風味燉羊肉優格咖哩

COURTLY LAMB KORMA

將羔羊肉充分醃漬後再花時間燉煮的一道咖哩。在醃漬的醬料中加入椰奶粉是一種比較少見的作法，但透過這個方法可以大幅提升肉的香氣與濃醇感，滋味更加豐富。椰奶的甜味和優格的酸味帶來絕妙的平衡，並使滋味更加有深度。此外，這道食譜中搭配使用4種原形香辛料，讓味道變得更加華麗。

在這道食譜中使用洋蔥香料醬，不只是為了讓作法更加簡單，也兼具以洋蔥香料醬的柔順口感與凝縮的風味，讓完成的咖哩滋味更加優雅且豐富的效果。雖然製作時會多花一點時間，但是一道很適合用來款待客人的咖哩。

將羔羊肉以牛肉取代也會非常美味。

材料（2人份）

A	羔羊肉（切成塊狀）	200g
A	優格	30g
A	椰奶粉	10g
A	香菜籽粉	2g
A	孜然粉	2g
A	卡宴辣椒粉	0～2g
A	葛拉姆瑪薩拉綜合香辛料	2g
A	鹽	2g
B	沙拉油	10g
B	小荳蔻籽	2顆
B	丁香	2顆
B	肉桂棒	2cm
B	月桂葉	1片
	水	200g～
	洋蔥香料醬（➔p.84）	240g
	香菜（切碎）	2g

1

將Ⓐ的材料全部混合後醃漬。最少醃漬1小時，最好可以放進冰箱醃漬一整天。

2

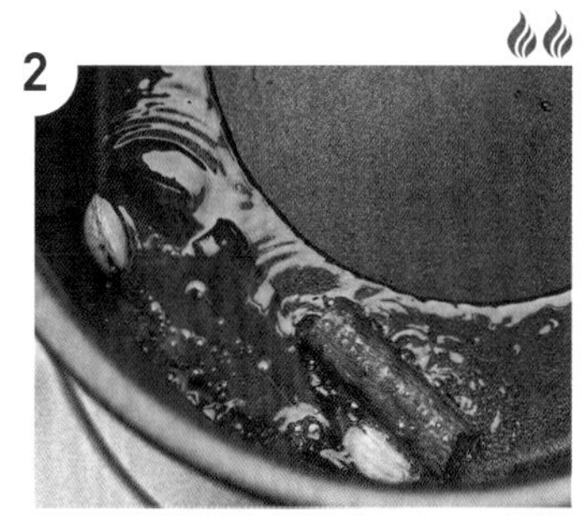

秤量鍋子重量，將Ⓑ的材料放進鍋中以中火加熱。

3

將香辛料炒出香氣後，再加入❶拌炒。

4

肉的表面變色且開始從表面滲出油脂後加入水。

5

煮至沸騰後蓋上鍋蓋，以小火燉煮40～60分鐘，煮至肉變得柔軟為止。

6

水量要隨時調整，維持在能夠蓋過肉類。

7

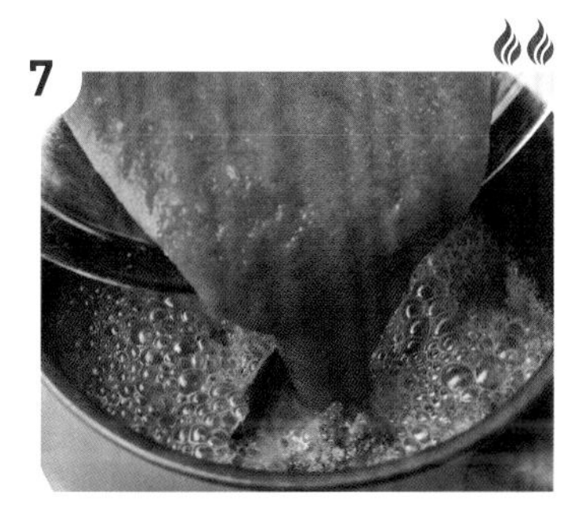

轉為中火，加入洋蔥香料醬。以完成後鍋中重量略多於400g為目標，燉煮以蒸發水分。

8

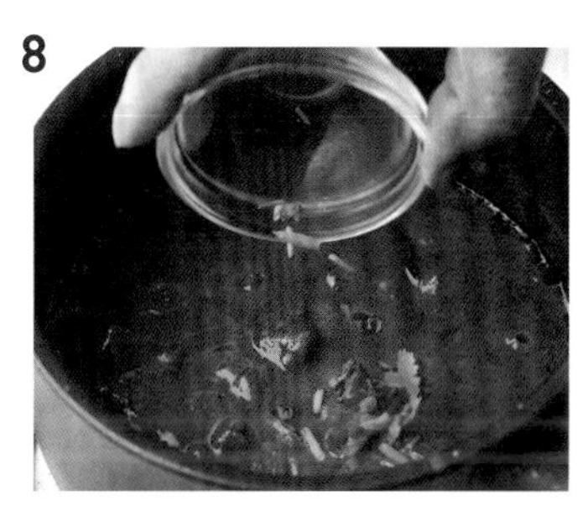

快要完成前加入香菜。盛盤之後可再依喜好放上細薑絲（額外分量）。

洋蔥燉牛肉咖哩

BEEF DO PIAZA

原文的「Do Piaza」直譯的話就是「2倍洋蔥」的意思。也就是說這道咖哩用了洋蔥香料醬，也使用了洋蔥這項食材當配料，同時使用2種洋蔥製作的意思。配料的洋蔥要保留些許口感，做出有咀嚼感的咖哩。

食譜中還加入了蘑菇這項和洋蔥香料醬非常契合的食材。除了這道咖哩，也很推薦在其他食譜中加入蘑菇來做出不同變化。

這道食譜使用可以快速煮熟的切片牛肉。在西方國家的印度料理餐廳中會稱薄肉片製成的咖哩為「Pasanda」，是幾乎所有店家都會有的必備餐點。除了牛肉之外也可以用其他肉類製作。

材料（2～3人份）

- 沙拉油 …… 20g
- 牛肉（燒烤用的肉片或是邊角肉片）…… 160g
- 洋蔥（與纖維方向垂直切成1cm的厚片）…… 80g
- 蘑菇（切片）…… 40g
- Ⓐ混合攪拌
  - 鹽 …… 3g
  - 孜然粉 …… 4g
  - 卡宴辣椒粉 …… 0～2g
  - 葛拉姆瑪薩拉綜合香辛料 …… 2g
- 洋蔥香料醬（➜p.84）…… 240g

1

在鍋中放入沙拉油加熱，以中火拌炒牛肉。

2

牛肉變色後加入洋蔥和蘑菇，快速拌炒。

3

待整體都裹上油脂後，蓋上鍋蓋以小火燜煮5分鐘。

如果快要燒焦的話可以加入少許水（額外分量）。

4

洋蔥炒熟且燜煮完成的樣子。

5

在鍋中加入Ⓐ，快速拌炒至產生香氣。

6

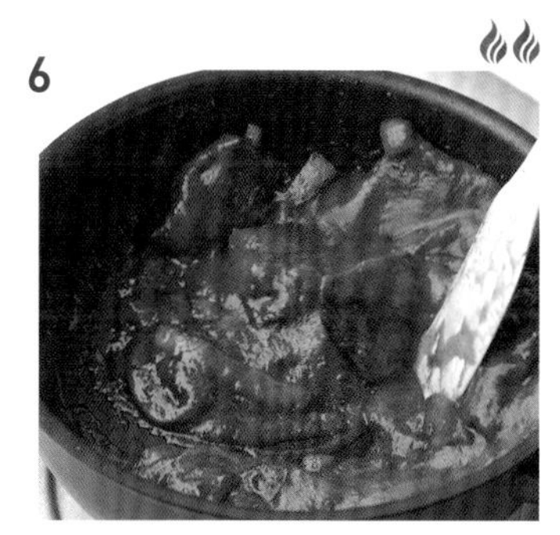

加入洋蔥香料醬，一邊攪拌並以中火稍微燉煮後即完成。

菠菜起司咖哩

SPINACH CURRY WITH CHEESE

在印度料理餐廳中被稱為「Palak Paneer」的一道咖哩。可以像品嚐熱沙拉一樣享用的健康蔬食料理，也很適合搭配麵包享用。

這道料理原本是使用一種稱為「Paneer」的非熟成式印度起司，但因為較難取得，所以我用莫札瑞拉起司來代替。做出絕對不會輸給用「Paneer」製作的美味料理。

這道咖哩的基底是將菠菜泥與洋蔥香料醬混合而成的「菠菜洋蔥香料醬（Palak Gravy）」，是從洋蔥香料醬衍生出的基礎醬汁之一。 和雞肉一起煮的話則是「菠菜燉雞肉（Palak Chicken）」。也很適合用羊肉製作。一般來說大多會使用冷凍的菠菜泥，但按照此食譜使用新鮮菠菜，風味果然還是會大不相同呢！

材料（2～3人份）

【菠菜洋蔥香料醬】

- 菠菜（大略切段）……200g（1束）
- 洋蔥香料醬（➜p.84）……240g
- 鹽……2g
- 葫蘆巴葉……1g

- 奶油……30g
- 蒜頭（切成碎末）……10g
- 混合攪拌 Ⓐ
  - 孜然粉……4g
  - 葛拉姆瑪薩拉綜合香辛料……2g
- 一口大小的莫札瑞拉起司……100g
- 細薑絲……適量
- 小番茄（切成一半）……適量

1

將菠菜泡水洗去沙子等。水煮約2分鐘至變得柔軟後，撈出並沖洗一下。

2

稍微擰乾水分，調整菠菜的重量至200g。

> 不要過度擰乾水分，才能維持菠菜的鮮味，後續步驟也會比較容易打成泥狀。

3

用調理機攪打成泥狀。

4

將❸和洋蔥香料醬、鹽、葫蘆巴葉混合備用（完成菠菜洋蔥香料醬）。

5

將奶油與蒜頭放入鍋中以小火加熱。

6

蒜頭開始上色後關火，馬上加入Ⓐ。

7

不要讓鍋中醬汁燒焦，用餘熱慢慢炒。

8

加入❹的菠菜洋蔥香料醬，開中火一邊混拌一邊煮至沸騰。盛入器皿中，放上一口大小的莫札瑞拉起司、細薑絲和小番茄等配料。

海鮮咖哩
SEAFOOD CURRY

這是一道以從洋蔥香料醬衍生出的「番茄洋蔥香料醬」為基底的咖哩。因為已經用了酸酸甜甜且充滿鮮味的醬汁當基底，所以即使只用少量香辛料也能做出完全襯托出食材美味的咖哩。這款基礎醬汁除了海鮮之外，也非常適合搭配蔬菜或雞肉。

製作這道咖哩時會先用奶油將蝦子和扇貝煎過後再加入這個醬汁，不論是在煎的過程或是加入醬汁時，請務必都要留意不要過度加熱。

一般來說，在印度料理店製作這道咖哩時大多會用冷凍的綜合海鮮。雖然無法做出媲美這道食譜的美味，但番茄洋蔥香料醬本身的味道已經非常豐富，所以做出來的味道應該也會相當不錯。考慮到方便性的話，應用冷凍食材其實也不錯。

材料（2～3人份）

【番茄洋蔥香料醬】

洋蔥香料醬（➜p.84） 240g

鹽 2g

番茄糊 100g

鮮奶油 40g

Ⓐ
- 孜然粉 2g
- 卡宴辣椒粉 0～2g
- 葛拉姆瑪薩拉綜合香辛料 2g
- 葫蘆巴葉（可省略） 1g

奶油 20g

蝦子（去殼） 60g

扇貝貝柱（若太大請切成方便食用的大小） 60g

1

將Ⓐ的香辛料混合備用。

2

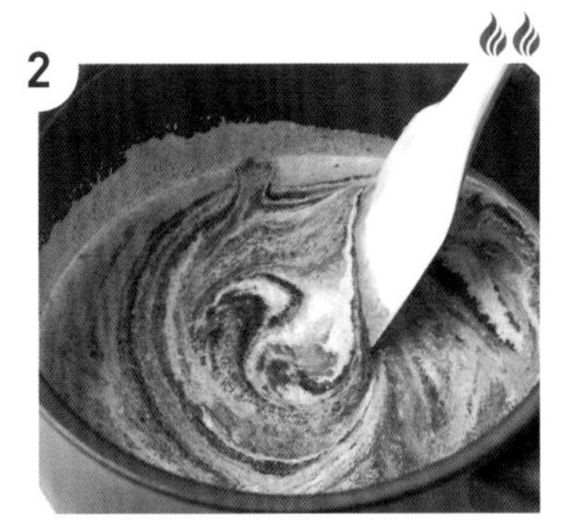

在鍋中放入番茄洋蔥香料醬的材料，混合攪拌之後再開中火加熱。

3

在❷中加入❶的香辛料，煮沸一次後關火。

4

在平底鍋中放入奶油，用中火加熱至奶油融化後，放入蝦子和扇貝貝柱稍微煎過。

5

將❹連同湯汁一起加入❸中。

6

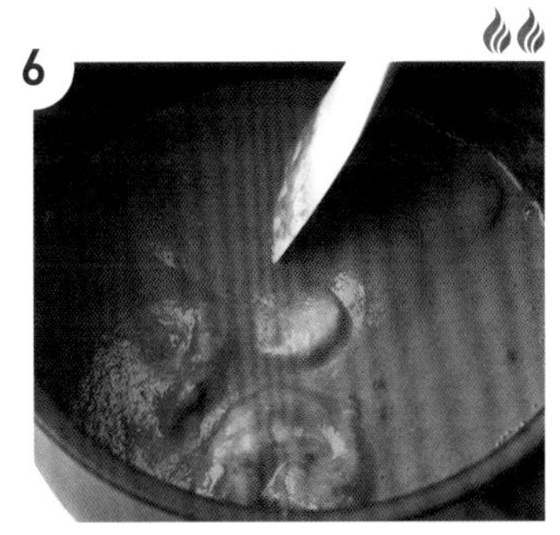

攪拌並同時以中火加熱，沸騰後馬上關火。

COLUMN

印度餐廳料理
與洋蔥香料醬的真正價值

現在於全世界廣泛拓展的印度料理餐廳，其料理風格與製作方式是在近代才迅速興起，其起源則是飯店餐廳提供給外國客人的料理。因此無論好壞而言，這些料理和傳統印度料理的世界之間有些許區別。但同時這些料理能讓處於不同文化圈的人更容易接受及喜愛，擁有超越國界的吸引力。所以我將這類料理稱為「印度餐廳料理」。

能充分活用「洋蔥香料醬」的技法，也是從這之中「發明」而來。

像這樣的印度餐廳料理，在日本有2種不同的觀點。

對很多人來說，如此能夠輕鬆製作、平易近人的餐廳料理，是將印度咖哩融入我們生活的存在。不過對於特別熱愛印度咖哩的「咖哩狂熱者」來說，通常會認為這類咖哩「失去印度傳統料理原本的活力和變化感，變得非常乏味」。

為了滿足這些咖哩狂熱者的不滿，近年來在日本大都市的中心，一些有別於「印度餐廳料理」、提供真正傳統印度料理的店家開始興盛起來。這些店家大多會標榜提供南印度或是孟加拉等地方料理。而我所經營的「ERICK SOUTH」也是其中之一。

我的說法也許有點主觀，但這類印度餐廳料理絕不只是製作起來輕鬆簡單，同時也一點都不乏味。的確在日本國內這類餐廳還是有些特別，尤其是在1990年代以後日本全國印度料理的店家激增，但與店家數量呈反比的是，店家所提供的料理內容或許太過狹隘或單一。然而，原本的印度餐廳料理實際上是一種「世紀大發明」。它使印度料理成為無論是誰都能輕鬆享用的美食，並且推向全世界，同時仍然具有許多潛在的可能性。

之所以用一整個章節來介紹「洋蔥香料醬」，也是因為希望大家能再一次重新檢視以這項技法為象徵的「印度餐廳料理」。

當然這一切的根本，都在於這類咖哩「只要認真做好就會非常美味」，這是不可否認的事實。因此，請大家先試著做做看吧！這些咖哩嚐起來不僅是我們已經熟悉、印度料理店所提供的餐點，更是從餐廳料理延伸，並且超越其境界的美味。

第4章

印度的單品料理

INDIAN CUISINE A LA CARTE

坦米爾風味雞肉香飯

TAMIL STYLE CHICKEN BIRYANI

作法請見 p.108

關於「印度香飯」

「印度香飯」是將肉和米及香辛料一起炊煮而成，是印度特有的美味料理。曾經是只有在婚禮等特別值得慶祝的日子才能享用的奢華料理。裹滿了肉的鮮味與香辛料香氣的巴斯馬蒂香米，更是超乎尋常的美味。雖然在不同地區有各種不同的變化，但這裡將為大家介紹2道代表性食譜。

海德拉巴風味羊肉香飯

HYDERABADI LAMB BIRYANI

作法請見 p.110

坦米爾風味雞肉香飯
TAMIL STYLE CHICKEN BIRYANI

首先將帶骨雞肉以製作咖哩的方式調理，接著加入巴斯馬蒂香米和水炊煮。作法和日本的炊飯有點類似，但和炊飯比起來，香飯有比較大量的肉類和香料蔬菜作配料，或許可說是更像西班牙燉飯。

以這種方式炊煮製作的香飯，在印度各地區可說是鄉土料理般的存在，但在南印度的坦米爾地區的香飯，則是以像咖哩一樣、大家都非常熟悉的滋味為基底。肉類和香料蔬菜的鮮甜平均地滲透到每一粒米中，這也可說是非常符合日本人喜好的一道香飯料理。由於製作方式相對比較簡單，是一道非常適合初學者嘗試製作的印度香飯。

材料（2人份）

巴斯馬蒂香米 150g

Ⓐ
- 翅小腿 250g
- 優格 30g
- 蒜薑泥（➜p.9） 32g
- 鹽 4g
- 孜然粉 2g
- 香菜籽粉 2g
- 薑黃粉 2g
- 卡宴辣椒粉 1g
- 葛拉姆瑪薩拉綜合香辛料 2g

沙拉油 20g
洋蔥（以喀拉拉切法切好➜p.7） 80g
番茄糊 50g
水 200g
鹽 3g
香菜（切碎） 8g
薄荷（用手撕碎） 4g
奶油 20g

1

將巴斯馬蒂香米泡水20分鐘，用網篩撈起瀝乾水分。

2

將Ⓐ的材料混合後醃漬翅小腿備用（15分鐘～最好可以放進冰箱醃漬一整天）。

3

秤量鍋子的重量，放入沙拉油和洋蔥，以小火拌炒至洋蔥上色。

要炒到比一般製作炸洋蔥時更加上色。

4

將❷的翅小腿連同醃漬的醬汁一起加入，開中火加熱。

5

雞肉的表面上色後加入番茄糊混合攪拌。蓋上鍋蓋以小火燉煮約10分鐘。

6

加入水和鹽，以中火加熱至沸騰（這時要將鍋中重量調整至550g）。加入香菜、薄荷和❶的巴斯馬蒂香米。

7

混合攪拌整體並以大火加熱至沸騰，再度沸騰後直接繼續攪拌燉煮約2分鐘。

8

放上奶油後蓋上鍋蓋，以小火加熱10分鐘。關火後再繼續燜15分鐘。

最後完成時為700g。

海德拉巴風味羊肉香飯

HYDERABADI LAMB BIRYANI

在印度國內，有好幾個被稱為「印度香飯聖地」的城鎮，「海德拉巴」正是其中代表性的城鎮之一。這些以印度香飯著名的城鎮，其共同點是皆為有許多伊斯蘭教徒居住的古老城鎮。也就是說這原本是伊斯蘭教徒吃的料理，這些城鎮皆是印度香飯的主場。

這些地區的印度香飯，是以被稱為「堆疊法」的方式為主流。也就是將以香辛料、肉類、香料蔬菜混合成的配料（也稱為瑪薩拉），和事前以水煮得偏硬的米層層交疊，密封後燜烤加熱的技法。以這個方法做出來的印度香飯，米飯會更加鬆軟且粒粒分明。此外，米飯和瑪薩拉接觸的部分味道濃郁，而沒有接觸到的部分則是充分吸收了香氣，滋味產生對比，一餐中可以不斷享受到各種滋味變化。

材料（2人份）

【炸洋蔥】

- 沙拉油 …… 40g
- 洋蔥（與纖維方向垂直切成薄片） …… 80g

【瑪薩拉（羔羊肉咖哩）】

Ⓐ
- 羔羊肉 …… 300g
- 優格 …… 60g
- 蒜薑泥（➜p.9） …… 32g
- 香菜籽粉 …… 2g
- 孜然粉 …… 2g
- 卡宴辣椒粉 …… 2g
- 薑黃粉 …… 2g
- 自製葛拉姆瑪薩拉綜合香辛料（➜p.11） …… 4g
- 鹽 …… 4g

- 番茄糊 …… 50g
- 水 …… 200g

【事前水煮巴斯馬蒂香米】

- 巴斯馬蒂香米 …… 150g
- 水（浸泡米用） …… 500g
- 水（煮米用） …… 1000g
- 鹽 …… 15g
- 小豆蔻籽 …… 2顆
- 丁香 …… 2顆
- 黑胡椒粒 …… 4顆
- 月桂葉 …… 2片
- 肉桂棒 …… 1/2根

【完成料理時的配料】

- 香菜（切碎） …… 8g
- 薄荷 …… 4g
- 薑黃水（溶解）
  - 薑黃 …… 少許
  - 水 …… 15g
- 奶油 …… 20g

1

【炸洋蔥】
在鍋中放入沙拉油和洋蔥用小火加熱，油溫會慢慢上升，將洋蔥油炸至變成茶色後用網篩撈起備用。

餘溫會繼續讓洋蔥上色，所以要稍微提早一點撈起。

2

【瑪薩拉】
將Ⓐ的材料混合後醃漬（可以的話在前一天先混合後放入冰箱醃漬）。

3

秤量鍋子的重量，將❶剩下的油過濾後取30g放入鍋中，以中火將❷稍微煎過。

4

肉的表面煎熟後加入番茄糊，繼續拌炒。

5

充分加熱之後表面會開始滲出油脂。

6

加水，沸騰後蓋上鍋蓋以小火燉煮30分鐘。最後要將重量調整至400g。

如果不到400g就加水，超過400g的話就再燉煮一下。

☞ 後續步驟請見 p.112

7

【事前水煮巴斯馬蒂香米】
將巴斯馬蒂香米泡水20分鐘以上後瀝乾水分撈起。取另一鍋子把剩下的材料都放入後開大火加熱至沸騰，再放入米。

8

水煮6分鐘。這時若開始沸騰、鍋中的米開始翻動就轉為中火。最後用網篩撈起並瀝乾水分。

9

【完成】
❻燉煮完成的樣子。

10

在❾的鍋中加入❶的炸洋蔥、香菜、薄荷。

11

將❽煮好的巴斯馬蒂香米連同香辛料一起疊上去。

12

淋上薑黃水。

13

在米飯各處放上奶油。

14

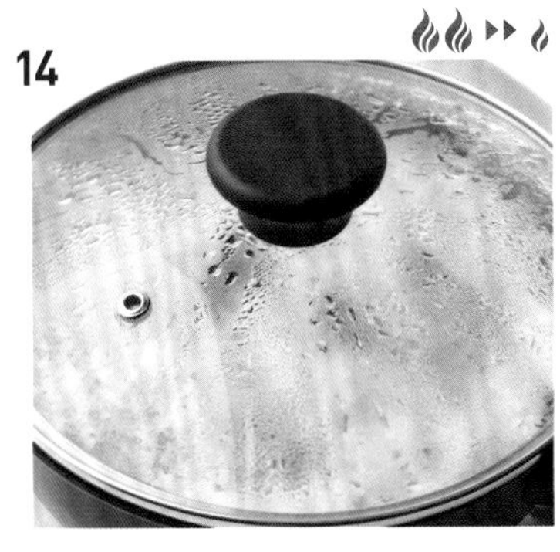

蓋上鍋蓋以中火加熱，開始冒出蒸氣後轉為文火再煮15分鐘。

15

關火後再燜10分鐘即完成。

HOW TO SERVE BIRYANI

印度香飯的盛盤方式

坦米爾風味雞肉香飯

炊煮好後馬上混拌的話米粒容易斷裂，所以燜煮之後先放置一段時間再混拌。以從底部輕輕往上舀起的方式攪拌，能讓水蒸氣蒸發，也能讓米粒與米粒之間飽含空氣、比較鬆軟。

印度香飯炊煮好後（a）用飯匙從底部舀起，將整體混拌（b）後再盛入容器中。在這裡加上薄荷、腰果和葡萄乾當作配料。

海德拉巴風味羊肉香飯

不論是考量到味道或是外觀，在盛盤時保留層疊炊煮所產生的漸層（顏色的暈染）是其重點。因此要留意盡量不要破壞炊煮時的層次，直接從最底部開始舀起。訣竅就是要像在吃層次很多的「提拉米蘇」般挖起。

和坦米爾不同，海德拉巴的香飯不需攪拌。為了不破壞層次，用飯匙從鍋底舀起盛盤（a、b）。再重複同樣作法（c）。最後取一些沒染色的白米粒撒上（d、e）即完成。

在印度正宗的作法，是會在盛盤時將肉藏在米飯下面。有一種說法是因為如果看得到肉，可能會引起附近鄰里的嫉妒。不過那樣盛盤會有點單調，所以我在盛盤時還是會稍微讓肉露出一些。這道菜會附上檸檬、香菜和紫洋蔥。

關於米飯

好吃的咖哩不管搭配什麼米飯都會非常美味，但既然都特別要吃印度咖哩了，還是搭配充滿印度感的米飯來享用最對味吧。接下來將介紹用印度最高級的香米「巴斯馬蒂香米」以及用一般日本米製作，與咖哩絕配的米飯類料理。也非常適合用來招待客人喔。

巴斯馬蒂香米

BASMATI RICE

先煮後炊法

近幾年在日本也開始很受歡迎的巴斯馬蒂香米，其充滿香氣及輕盈的口感廣受喜愛。這裡向大家介紹能盡可能呈現出巴斯馬蒂香米美味的傳統煮法「先煮後炊法」。首先，將米粒放到大量的熱水中水煮，瀝乾水分後再繼續燜煮。如果煮得好的話米粒會變得更長，煮好的米飯質地也會非常鬆軟、粒粒分明且如羽毛般輕盈。

材料（2人份）

巴斯馬蒂香米	200g
水	1000g
鹽	5g
沙拉油	5g

1

將巴斯馬蒂香米以大量的水（額外分量）浸泡20分鐘後用網篩撈起瀝乾水分。

2

在鍋中放入水、鹽、沙拉油並開大火煮至沸騰，放入❶的巴斯馬蒂香米。

3

一開始先輕輕攪拌混合。

4

煮8分鐘。這時，當水沸騰且米粒開始在鍋中翻動時轉為中火。用網篩瀝掉熱水。

5

趁熱將巴斯馬蒂香米放回鍋中，蓋上鍋蓋燜煮5分鐘以上。

搭配咖哩的萬用米飯

ALL-PURPOSE RICE FOR CURRY

利用巴斯馬蒂香米和日本米吸水率的不同，只要照著炊飯器的刻度來加水，就能炊煮得剛剛好。不只是印度咖哩，不管搭配哪種咖哩都非常適合。

材料（2～3人份）

巴斯馬蒂香米	150g
日本米	150g
水	炊飯器2杯米刻度的量
沙拉油	5g

作法

將全部的材料放入炊飯器的內鍋，整體攪拌均勻後以一般模式炊煮（a、b）。

薑黃飯

TURMERIC RICE

這道並非印度傳統的米飯，是近代在餐廳料理中出現，廣泛流傳進日本的一種米食。調整水量並加上奶油，有讓米飯炊煮好後粒粒分明的效果，鮮豔的金黃色也很吸引人。

材料（2～3人份）

日本米	300g
薑黃粉	0.5g（1/4小匙）
鹽	1g（1/5小匙）
奶油	10g（2小匙）
月桂葉（可省略）	1片
水	一般炊煮時的80～90%

作法

將全部的材料放入炊飯器的內鍋（a），以一般模式炊煮。

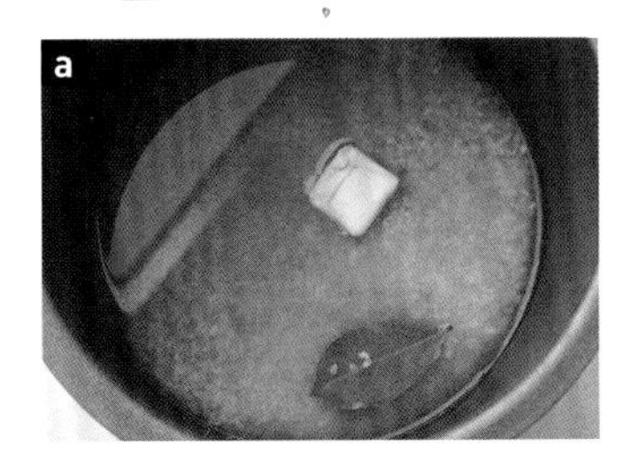

胡椒孜然飯

PEPPER CUMIN RICE

由「搭配咖哩的萬用米飯」延伸出來，加入少量香辛料和奶油、風味豐富的米飯。當然非常適合搭配咖哩，但光吃米飯也是令人停不下來的美味。

材料（2～3人份）

巴斯馬蒂香米	150g
日本米	150g
水	炊飯器2杯米刻度的量
鹽	3g
孜然籽	1g
黑胡椒粉	1g
奶油	10g

作法

將全部的材料放入炊飯器的內鍋（a），以一般模式炊煮。

關於恰巴提薄餅和饢餅

和米飯並列印度重要的主食，正是以麵粉為主製成的麵包類。尤其是在印度北部，比起米食小麥是更加重要的存在。在這裡向大家介紹代表性小麥製品的恰巴提薄餅和饢餅。

順帶一提，印度因地區而異，有些地方也經常食用西式麵包。法式長棍麵包或鄉村麵包等簡樸的麵包也很適合搭配印度咖哩。

恰巴提薄餅
CHAPATI

印度全國家庭的日常生活中經常食用、以全麥粉製成的薄型麵包。饢餅比較常在餐廳吃到或是在專賣店購買，相較之下恰巴提薄餅無論在餐廳或一般家庭中都是必備食材，也可說是印度人在日常生活中最愛的一款麵包。基本上只用全麥粉、水和鹽即可製作。雖然是不需發酵的麵包，但如果烘烤得好的話，還是有一部分會膨脹起來，可以同時品嚐到香氣及蓬鬆感。和法式長棍等麵包一樣，是一種非常清淡的麵包，因此能充分享受到小麥原本的風味，即使每天吃也不會覺得膩。不管搭配哪一種咖哩都很適合。正因為作法簡單，所以水分的微調、擀麵的方式與烘烤方式都會對味道產生很大的影響。這部分就只能透過不斷地練習，掌握到屬於自己的訣竅了。

材料（2人份，4片）

全麥粉	200g
鹽	3g
水	140g

1

在調理盆中放入所有材料，將整體混合讓水分均勻沾滿。

這裡用的是日本國產全麥粉。

2

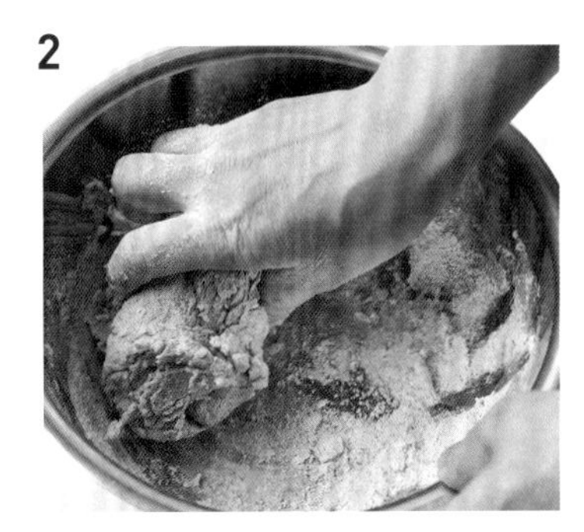

麵團變得柔軟後，充分揉捏直到麵團變成一團為止。

3

將麵團分成4等分後整成圓形，蓋上保鮮膜在常溫下放置30分鐘以上。

4

用手將麵團輕輕壓平。

5

用擀麵棍將麵團擀成薄薄一片圓形。

6

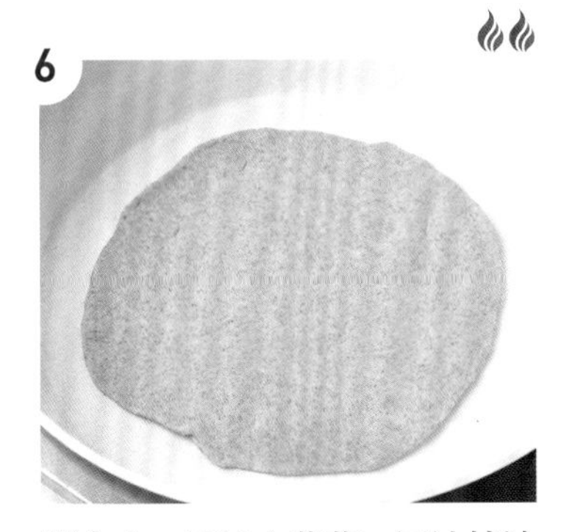

開中火，用抹上薄薄一層沙拉油（額外分量）的平底鍋或電烤盤等，將麵皮一面煎到呈稍微有點燒焦的顏色。

7

翻面。

8

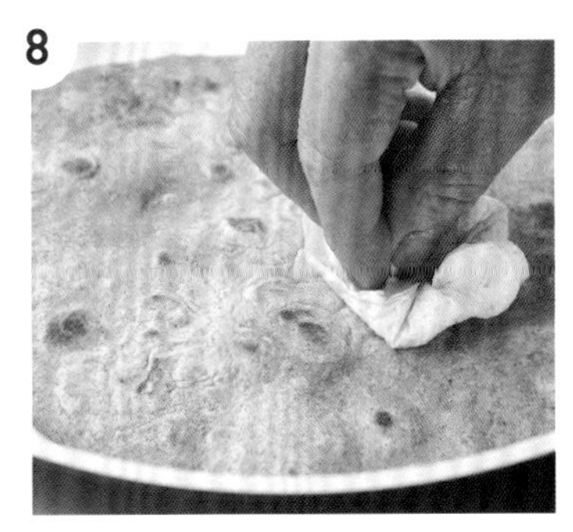

用布巾等一邊按壓表面一邊煎烤。壓過的部分會稍微鼓起，另一面則會增加焦色。

饢餅

NAAN

比恰巴提薄餅稍微豐富一些的麵包。加入乳製品和油脂並發酵過的麵團，在現代也已經確立了用泡打粉的技法。以印度北部為主要地區有各式各樣不同的饢餅，但在日本變成主流的饢餅類型反而算是少數，在印度不太常見，比較常見的是帶有甜味且蓬鬆柔軟的類型。在這裡介紹的食譜則是介於印度和日本之間的配方，在日本的高級餐廳中也經常提供這種類型的饢餅。最初的饢餅是用高溫的土窯烘烤。要用一般烤箱重現用土窯烘烤的饢餅不太可能，所以在這裡我先將麵團貼在平底鍋燜烤後，再直接用火烘烤，重現出類似用土窯烘烤的饢餅。硬要說的話是必較適合搭配濃郁類型的咖哩，但什麼都不沾直接吃也非常美味。

材料（2片份）

A	優格	30g
	雞蛋	1個
	鹽	2g
	砂糖	10g
	沙拉油	15g
	水	60g～
混合攪拌 B	高筋麵粉	250g
	泡打粉	12g

1

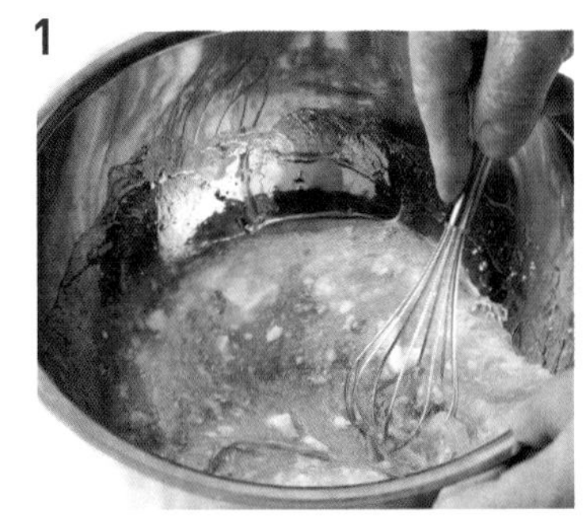

在調理盆中放入A的材料，混合攪拌。

2

再加入B的粉類，並用橡皮刮刀混拌。

3

蓋上保鮮膜，放置於常溫30分鐘醒麵。

4

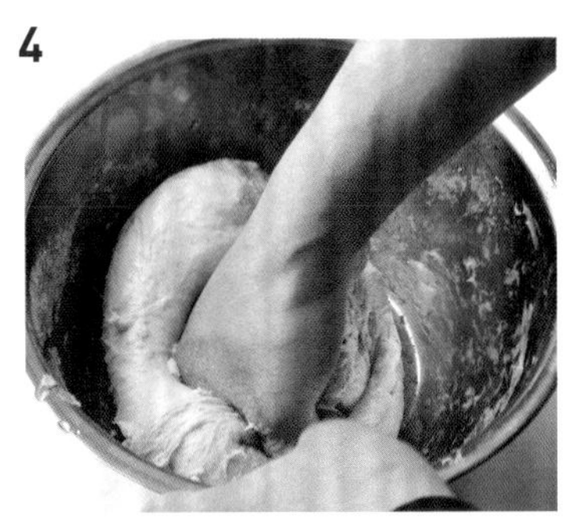

手塗上沙拉油（額外分量）後充分揉捏麵團。

5

將麵團分成2團後蓋上保鮮膜，再次放置30分鐘醒麵。

6

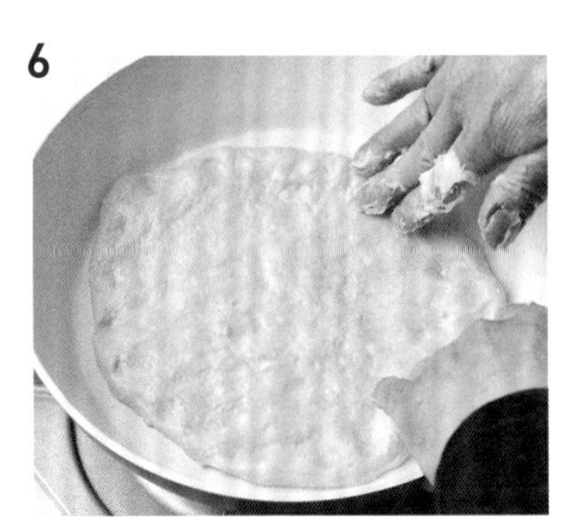

用手將麵團拉開壓平，貼附在平底鍋上。

7

直接蓋上鍋蓋以中火加熱。

8

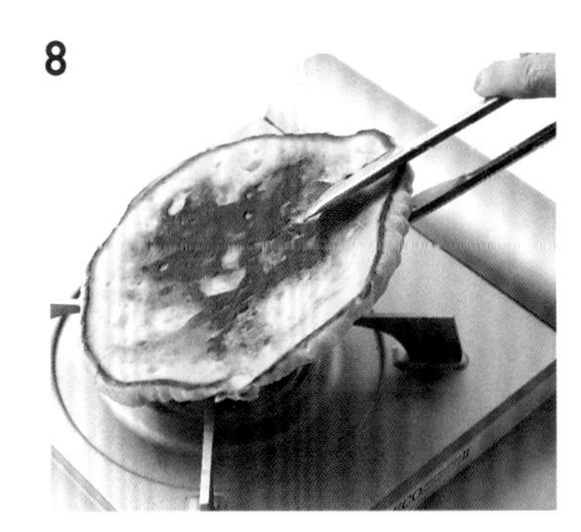

待朝下那一面充分烤好、表面開始出現大小突起時取出，用鐵夾等夾著餅直接在火上烘烤另一面。烤好後在剛烤好的那面塗上奶油（額外分量）。

實錄！

最適合的咖哩吃法

米飯篇

基本的吃法

首先，

如果米飯是呈現堆高的狀態，先將米飯攤平。

攤平後從正上方開始淋上咖哩。

用湯匙舀取享用。

雖然不攪拌也可以，但在印度一般都會充分攪拌再品嚐。

我拌、

我拌、

我拌拌拌。

接著，

舀取充分攪拌好的部分享用。主要就是要攪拌到變得像是印度香飯那樣的狀態。

尤其是巴斯馬蒂香米，就是要充分拌入醬汁才會好吃。

醬汁較多的咖哩吃法

在吃較清爽如湯汁般的咖哩時，在攤平的米飯上大膽淋上大量湯汁。

和前面介紹的一樣，充分攪拌後再享用。

NG吃法

湯匙只舀取米飯，並將米飯浸泡到咖哩醬汁中。**這種是NG吃法。**

在印度沒有這種吃法。

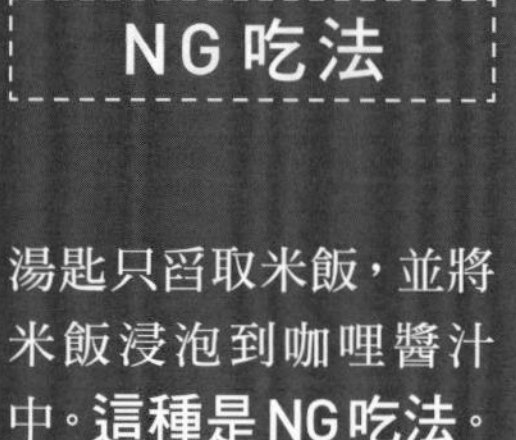

至於要說為什麼……請看看左圖，這種有點不乾淨的感覺！

日本米不太會這樣散開，但如果是巴斯馬蒂香米就百分之百會在醬汁中散開。米飯和醬汁沒有均勻沾裹的話就不會覺得好吃了。

咖哩的吃法是自由的。但既然都要吃印度咖哩了，不如就先捨棄先入為主的觀念，試著模仿看看印度常見的吃法吧！或許能打開新世界的大門喔！

恰巴提薄餅篇

基本的吃法

從撕開的方法開始。

首先。如果是印度人的話不會使用左手。

他們會用單手撕開薄餅，以中指、無名指和小指3根手指壓住恰巴提薄餅，再用拇指和食指撕著吃。

這是正式的撕法。

不過，

因為我們不是在印度，

所以只要直接用兩手撕開即可。

應該沒問題吧？

那麼，示範用恰巴提薄餅沾咖哩的吃法。

咖哩經常會放在如照片中這樣的小容器內。

這時候只要把撕好的恰巴提薄餅沾著咖哩吃就好，很簡單吧。

不過，如果是像這樣湯汁比較少、比較固態的咖哩時，或許會有點困擾？

應該會想說：

咦？

這下該怎麼辦？

請直接將咖哩舀到盤子上。

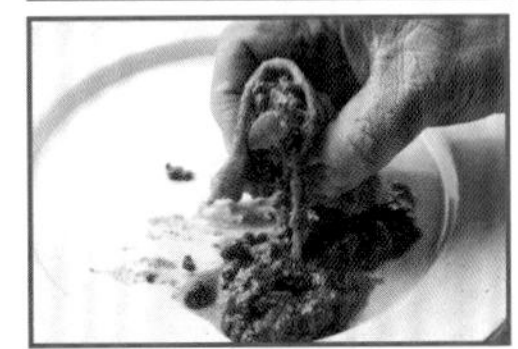

舀到盤子上後，

拿著撕下的恰巴提薄餅，從上方蓋住咖哩後抓取起來吃。

另外一種方法。

剛剛介紹把固體的咖哩舀到盤子中，但湯汁較多容易沾取的咖哩，其實也是放到盤子上會比較好。

尤其是放入較多肉類的咖哩，舀取到盤子上會比較方便。

和剛剛教的方式一樣，從肉的上方抓取起來食用。

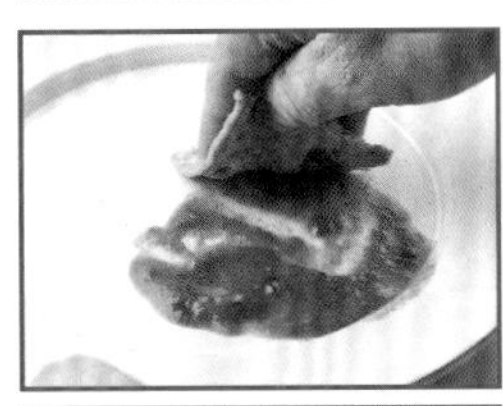

而盤子上剩下的醬汁（湯汁），可以用恰巴提薄餅以擦拭盤子般的方式沾取食用。

和吃法式料理時，會用麵包沾取盤中剩下的醬汁是一樣的感覺。

烤羊肉

LAMB KEBAB

將香辛料和肉一起烘烤而成的料理總稱為「Kebab」，在伊斯蘭系印度料理中，和印度香飯並列「最耀眼的料理」。在印度料理店中通常會用土窯來烘烤製作，像是有名的坦都里烤雞就可說是這類型的代表性料理。原本印度傳統的土窯專門用來烘烤麵包，像這樣用來製作烤肉，是在20世紀以後受到西方料理啟發，在餐廳中孕育而出的嶄新技法。在這種作法出現之前，大多會直接火烤或是用鐵板調理。

羊肉是製作「Kebab」料理常用的代表性肉類。使用羔羊肉就能烤得非常柔軟，另外透過用優格基底的瑪薩拉充分醃漬後，便可以將肉烤得更加濕潤多汁。用牛肉或雞肉也能以同樣方式製作。

材料（2人份）

【薄荷醬】（方便製作的分量）

- Ⓐ
  - 薄荷 …… 10g
  - 香菜（切碎）…… 10g
  - 蒜薑泥（➜p.9）…… 12g
  - 獅子唐青椒 …… 1根
  - 鹽 …… 2g
  - 砂糖 …… 2g
  - 優格 …… 30g
- 優格 …… 100g
- 孜然粉 …… 1g

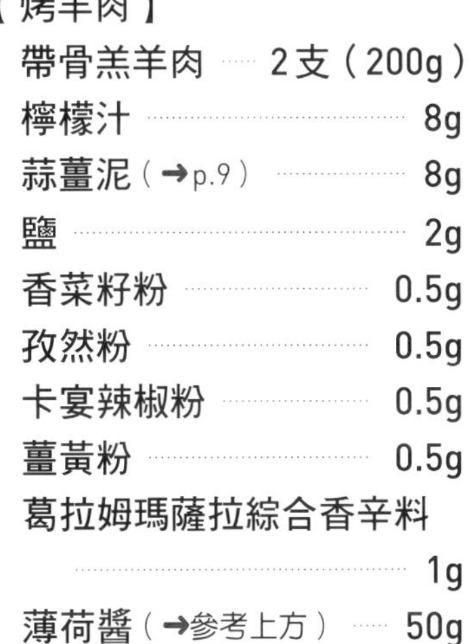

【烤羊肉】

- 帶骨羔羊肉 …… 2支（200g）
- 檸檬汁 …… 8g
- 蒜薑泥（➜p.9）…… 8g
- 鹽 …… 2g
- 香菜籽粉 …… 0.5g
- 孜然粉 …… 0.5g
- 卡宴辣椒粉 …… 0.5g
- 薑黃粉 …… 0.5g
- 葛拉姆瑪薩拉綜合香辛料 …… 1g
- 薄荷醬（➜參考上方）…… 50g

紫洋蔥（切成薄片）、檸檬（切成半月狀）、薄荷 …… 各適量

1

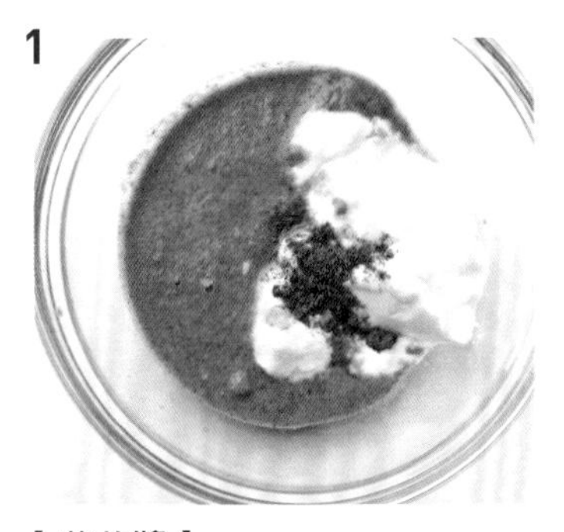

【薄荷醬】
將Ⓐ用調理機打碎，和優格、孜然粉一起放入調理盆中。

2

混合攪拌。

3

【烤羊肉】
將所有材料混合。

4

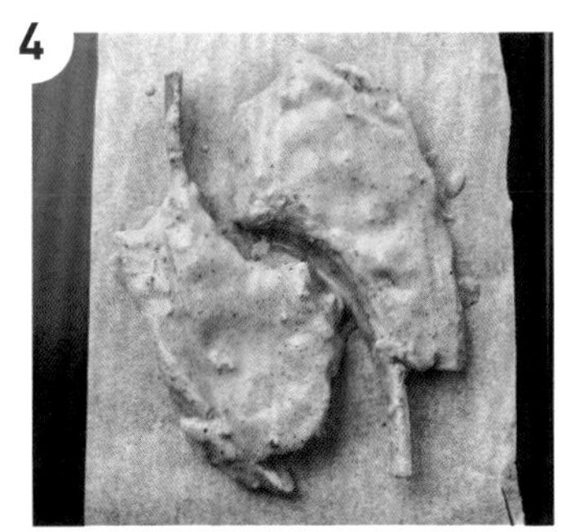

在烤盤上鋪上烘焙紙，再排放上❸，放到預熱至200度的烤箱中烘烤10～15分鐘（也可以用平底鍋煎烤）。在盤子上放上紫洋蔥、檸檬、薄荷、薄荷醬（額外分量），和羊肉一起盛盤。

關於薄荷醬

在印度有許多這種類型的醬。既可拿來當作烤肉料理或其他小點的沾醬，也可當作調味醬料使用，還可以當作搭配米飯或麵包等的配菜。這種醬料會用番茄、椰子、羅望子等各種食材製作。特別是這款薄荷醬還有「萬能醬」之稱，不僅和各種料理都非常契合，尤其更是適合搭配肉類料理享用。

檸檬風味烤雞肉

LEMON CHICKEN TIKKA

這是一種用去骨雞肉做成的「Kebab」烤肉料理，簡單來說的話也可說是無骨雞肉版本的坦都里烤雞。這道食譜的香料同時活用了檸檬汁和檸檬皮的風味，做出一道清爽且有點時髦的的料理。即使冷掉還是非常好吃，因此也可以做成沙拉或三明治享用。

材料（2人份）

雞腿肉	240g
Ⓐ 洋蔥	30g
優格	30g
檸檬（帶皮）	15g
蒜薑泥（➔p.9）	12g
鹽	3g
香菜籽粉	0.5g
孜然粉	0.5g
卡宴辣椒粉	0.5g
薑黃粉	0.5g
葛拉姆瑪薩拉綜合香辛料	0.5g

作法

1

將雞腿肉切成大塊。

2 將的材料用調理機打碎做成醬汁醃漬雞肉。

3

在烤盤鋪上烘焙紙，將❷放到烤盤上，放入預熱至200度的烤箱烘烤10～15分鐘（也可以用平底鍋煎烤）。烤好後盛入盤中，附上配料（額外分量）。

牛肉丸子

BEEF KOFTA

「Kofta」是一種用絞肉製作的印度烤肉料理。若是將絞肉包覆在金屬棒上烘烤，就能變成「串烤」料理。牛肉、香料蔬菜、香辛料混合成一體，是一種有點複雜但很容易入口的味道，應該是一道不論是誰都很容易愛上的肉類料理吧！也可說是印度風味的香辣漢堡排。

材料（6個份）

- 牛絞肉 …… 200g
- 洋蔥（切成碎末）…… 40g
- 蒜頭（切成碎末）…… 4g
- 獅子唐青椒（斜切成小片）…… 1根
- 香菜（切成碎末）…… 3g
- 麵包粉 …… 20g
- 鹽 …… 2g
- 香菜籽粉 …… 0.5g
- 孜然粉 …… 0.5g
- 薑黃粉 …… 0.5g
- 卡宴辣椒粉 …… 0.5g
- 葛拉姆瑪薩拉綜合香辛料 …… 1g

作法

1

將材料全部放入調理盆中，混合揉捏。

2

分成6等分整成圓形，中央稍微壓凹一些。放在鋪上烘焙紙的烤盤上。

3 放入預熱至200度的烤箱烘烤10～15分鐘（也可以用平底鍋煎烤）。烤好後盛入盤中，附上配料（額外分量）。

關於優格沙拉

將各種蔬菜用優格混拌而成的料理，在印度稱為「Raita」。在日本，優格一般都被當作甜點，但綜觀全世界，其實優格更常被使用在鹹味料理中。尤其在印度更是如此。印度的蔬菜優格沙拉不只能當沙拉享用，淋在飯上一起吃更是美味！尤其是在吃印度香飯時，更是不可或缺的配菜。

綜合優格沙拉
MIX RAITA

印度料理店最常見的優格沙拉。這種優格沙拉的味道有點像塔塔醬，意外地會是日本人熟悉的風味。請務必和印度香飯一起享用。

材料（2人份）

- 小黃瓜、紫洋蔥、番茄（分別切成小塊）……共100g
- 優格……100g
- 鹽……1g
- 孜然粉……1小撮
- 黑胡椒粉……1小撮

作法

將優格、鹽、孜然粉和黑胡椒粉放入調理盆中混拌，再加入蔬菜（如下圖）攪拌。盛入容器中，撒上少許黑胡椒粉（額外分量）。

菠菜優格沙拉
SPINACH RAITA

用和菠菜非常搭的蒜頭當作提味祕方，口感很好的一道優格沙拉。在土耳其等中東料理中也有同樣的料理，但在中東地區會加入大量橄欖油。

材料（2人份）

- 菠菜（水煮後切成小段）……100g
- 優格……100g
- 蒜頭（磨成泥）……2g
- 鹽……1g

作法

將優格、蒜頭、鹽混合攪拌，再加入菠菜（如下圖）攪拌。

番茄優格沙拉
TOMATO RAITA

這是道非常簡單的優格沙拉，利用番茄的鮮甜味和清爽感，做出一道非常美味的料理。想要再多加一道菜的時候可以輕鬆做好，非常方便。

材料（2人份）

- 番茄（切成小塊）……80g
- 優格……120g
- 鹽……1g
- 黑胡椒粉……1g

【加熱萃取香氣】
- 沙拉油……10g
- 芥末籽……1g
- 鷹爪辣椒（縱向切成一半後去籽）……1根
- 咖哩葉（可省略）……1小撮

作法

將優格、鹽、黑胡椒粉放入耐高溫調理盆中混拌，放入番茄（如下圖）攪拌。在平底鍋中放入沙拉油、芥末籽和鷹爪辣椒後開中火加熱，芥末籽開始爆裂後加入咖哩葉，最後加入番茄的調理盆中，混合攪拌。

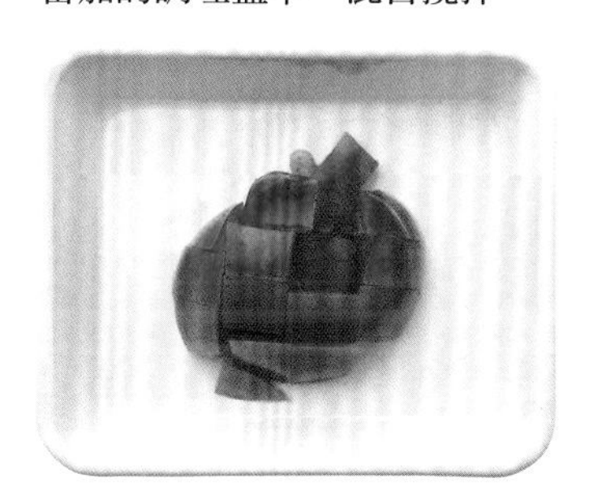

椰香鷹嘴豆
SUNDAL

這是一道南印度的簡易豆類料理。經常在路邊攤等處當作下酒小菜品嚐。請盡可能選用浸泡在湯汁中的罐頭鷹嘴豆，而不是乾燥包裝的豆子。如果是乾燥的豆子，泡水還原再水煮後應該會變得更好吃。

材料（2人份）

- 水煮鷹嘴豆……200g
- 檸檬汁……10g
- 椰子粉……10g

【加熱萃取香氣】

- 沙拉油……10g
- 芥末籽……1g
- 鷹爪辣椒（縱向切成一半後去籽）……1根
- 咖哩葉（可省略）……1小撮

作法

將鷹嘴豆、檸檬汁、椰子粉放入耐高溫的調理盆中混合攪拌。在平底鍋中放入沙拉油、芥末籽和鷹爪辣椒後開中火加熱，芥末籽開始爆裂後加入咖哩葉，最後加入鷹嘴豆的調理盆中，整體混合攪拌。

洋蔥小黃瓜沙拉
CACHUMBER

能夠技巧性地使用油脂是印度料理的特色之一，但為什麼沙拉類的料理在調理時幾乎都不用油呢？那是因為沙拉通常都是扮演著轉換口中味道或調味料等重要角色，也可說是料理的重要配角。

材料（2人份）

- 小黃瓜、紫洋蔥、番茄（切成小塊）……共200g
- 鹽……2g
- 檸檬汁……10g

作法

將全部的材料混合攪拌後靜置一段時間。

將椰香鷹嘴豆和洋蔥小黃瓜沙拉混合就會變成「椰香綜合沙拉」

香辛料油漬檸檬

LEMON URUGAI

在印度的飲食文化中，醃漬物也占有非常重要的地位，這些醃漬物總稱為「Achar」。在南印度坦米爾地區則稱作「Achar」為「Urugai」。大多會用檸檬或是還沒熟成的芒果等本身偏酸的食材來製作。將水果當成配菜或許令人有點意外，但實際上和日本人配梅乾是一樣的！

材料（易於製作的量）

A	檸檬（帶皮切成1cm的小塊）	1個份（120g）
A	卡宴辣椒粉	6g
A	葫蘆巴粉	3g
A	薑黃粉	1g
A	鹽	8g
A	水	30g
	沙拉油	40g
	芥末籽	2g

1

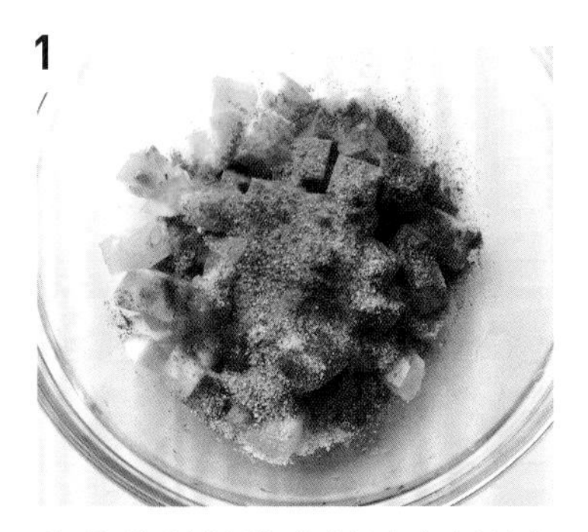

將A的材料放進調理盆中混合攪拌。

2

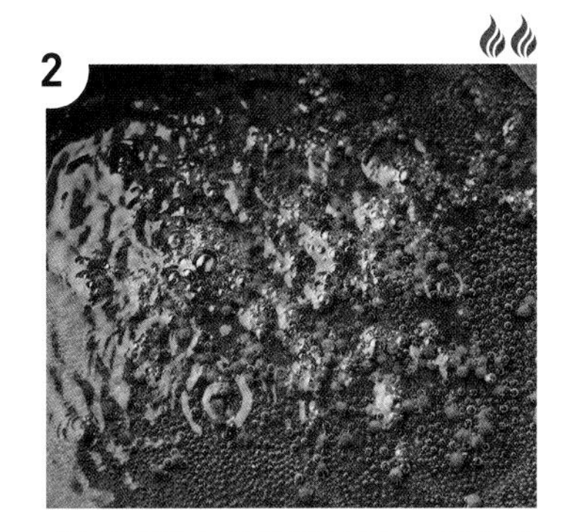

在平底鍋中放入沙拉油、芥末籽後開中火加熱。

3

芥末籽開始爆裂後加入❶。

4

用中火～小火煮約3分鐘。放進冰箱冷藏一晚。

南印度風味炒高麗菜

CABBAGE THORAN

在印度，這樣的料理也被算是一種咖哩，讓人忍不住會想「咖哩到底是什麼樣的料理？」像這樣使用蔬菜製作且沒有湯汁的咖哩被總稱為「Sabji」，而這邊介紹的「Thoran」則是南印度喀拉拉地區特有的一種「Sabji」，在調味時常會使用椰子。比起一般的「Sabji」使用更簡單的香辛料製作也是其特色之一。

材料（2人份）

- 沙拉油 …… 10g
- 芥末籽 …… 2g
- 鷹爪辣椒（縱向切成一半後去籽）…… 1根
- 咖哩葉（可省略）…… 1小撮
- 高麗菜（切成粗絲）…… 200g
- 混合攪拌 A
  - 鹽 …… 2g
  - 薑黃粉 …… 0.5g
- 椰子粉（沒有的話可以將一般椰子絲切碎）…… 10g

1

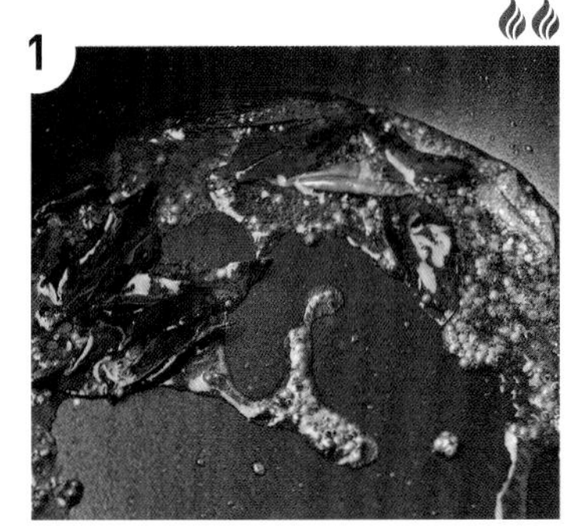

在鍋中放入沙拉油、芥末籽和鷹爪辣椒後開中火加熱，當芥末籽開始爆裂，接著加入咖哩葉（有的話）。

2

再加入高麗菜和A繼續拌炒。

3

如果水分不夠可以加一點水，蓋上鍋蓋燜煮到高麗菜變軟為止。

4

加入椰子粉充分攪拌並拌炒，讓椰子粉吸收高麗菜的水分。

香辛料炒馬鈴薯

TEMPERED POTATOES

直接活用馬鈴薯本身的美味，從另一種角度來說是非常精緻的料理。正如其名，也是一道能再次了解到加熱萃取香氣是多麼優秀技法的料理。沒有比馬鈴薯和香辛料這樣更讓人喜愛、又能展現印度料理精髓的組合了。對日本人來說，應該會很開心這是一道適合配啤酒的下酒菜（？）。

材料（易於製作的分量）

	材料	分量
A	馬鈴薯（去皮後切成1.5cm的小塊）	200g
A	水	50g
A	鹽	2g
A	薑黃粉	0.5g
B	沙拉油	20g
B	鷹爪辣椒（縱向切成一半後去籽）	2根
B	孜然籽	1g
	香菜（切碎）	2g

1

將Ⓐ放入鍋中，蓋上鍋蓋開火燜煮。

2

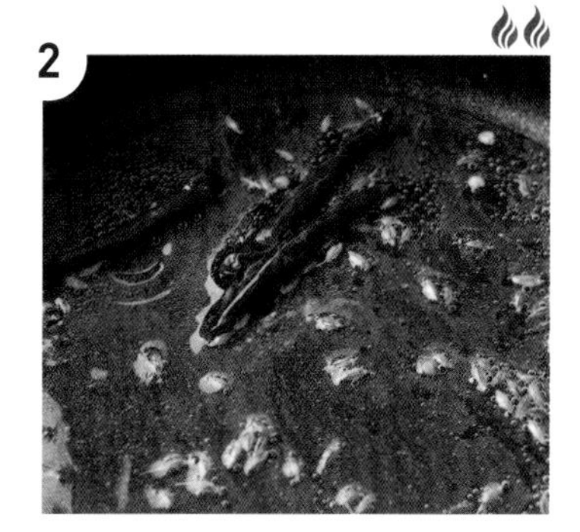

將Ⓑ放入平底鍋中，開中火加熱萃取香氣。

3

將❶加入❷中拌炒。

4

最後完成前加入香菜混拌一下。

印度風味
燉煮青花菜

BROCCOLI MASIYAL

「Masiyal」指的是將綠色蔬菜煮到變成軟糊泥狀，是南印度坦米爾地區的蔬食料理。和北印度同種類的咖哩「Palak」和「Saag」比起來，使用的香辛料更加樸素簡單。在當地經常會以菠菜為主製作，但我個人覺得青花菜充滿衝擊感的味道最美味。

材料（易於製作的分量）

A
- 沙拉油 …… 20g
- 鷹爪辣椒（縱向切成一半後去籽） …… 1根
- 蒜頭（切成碎末） …… 5g
- 洋蔥（切成碎末） …… 60g

B 混合攪拌
- 香菜籽粉 …… 0.5g
- 孜然粉 …… 0.5g
- 卡宴辣椒粉 …… 0.5g
- 薑黃粉 …… 0.5g
- 黑胡椒粉 …… 1g
- 鹽 …… 2g

青花菜（切成一口大小。莖部去掉一層厚皮後一起使用） …… 150g

水 …… 50g

1

將Ⓐ放進平底鍋開中火加熱。

2

洋蔥變得透明柔軟且蒜頭散發出香氣後，加入青花菜和Ⓑ，快速拌炒。

3

加入水後蓋上鍋蓋，以小火燜煮10分鐘。

4

待青花菜完全變軟後，用鍋鏟壓碎即完成。

炸茄子

BAINGAN BHAJI

「Bhaji」可以指油炸料理、燒烤料理、咖哩等料理，包含的概念非常廣泛，但似乎也有使用大量油脂製作這個共同點。這道東印度和孟加拉的當地料理也是以炸烤的方式來調理茄子。油炸時通常會使用芥末籽油，但在日本很難取得，所以我用塗上黃芥末醬的手法重現其風味。

材料（易於製作的分量）

A	卡宴辣椒粉	0.5g
	紅甜椒粉	1.5g
	薑黃粉	0.5g
	鹽	2g
	黃芥末醬	5g
	水	5g

米茄子（切成1.5㎝厚的圓片）……200g

沙拉油……適量（倒入平底鍋時深5㎜的量）

1

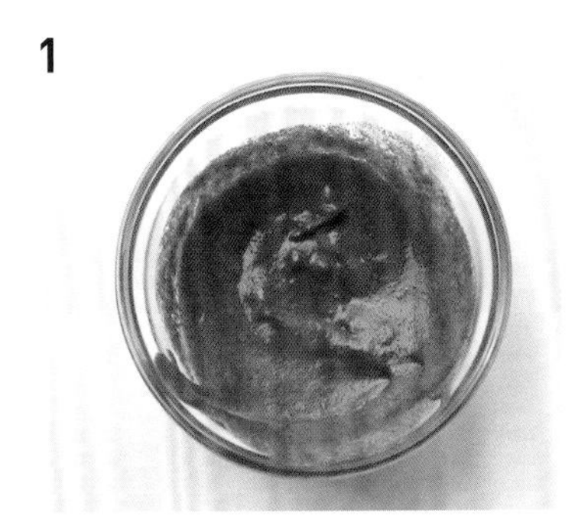

將A混合呈糊狀。如果需要可以加少許水（額外分量）。

2

在米茄子的兩面都抹上❶。

3

在平底鍋中倒入沙拉油加熱，以中火將❷半煎炸。

4

翻面，將兩面都煎炸至熟透。

關於甜點

印度的甜點基本上非常樸素簡單，都是直接活用穀類或乳製品本身的美味。有可能對日本人來說會覺得太甜，但是比起當作一道菜或是轉換口味的點心，甜點更像是「嗜好品」。雖是這麼說，但為了能夠當作甜點來享用，相較於印度當地的口味，這裡介紹的食譜有降低了甜度。

芒果優格

MANGO SHRIKHAND

「Shrikhand」是指在濃郁的優格裡加入砂糖或葡萄乾、堅果等製成的甜點，也是充滿印度這個乳製品大國特色的甜點。原本會使用瀝乾水分的優格，但這道食譜中會利用芒果乾來吸收水分，達到凝縮優格的效果，連帶地讓吸收了大量乳清的芒果變得更美味，是一石二鳥的食譜。砂糖則是模擬印度的粗糖而選用黍砂糖。

材料（易於製作的分量）

Ⓐ
- 優格 …… 200g
- 芒果乾（撕碎成適當大小） …… 40g
- 葡萄乾 …… 10g
- 黍砂糖 …… 12g
- 小荳蔻粉 …… 少許

開心果（切碎）、薄荷 …… 各少許

作法

1

將Ⓐ全部放進調理盆中。

2

混合攪拌之後放入冰箱冷藏一晚。

3 將❷充分攪拌後盛入容器，放上開心果和薄荷點綴。

草莓煉乳冰淇淋
STRAWBERRY KULFI

「Kulfi」是指以牛奶為基底，不使用蛋黃、不打入空氣的濃郁冰淇淋。一般會花很長的時間熬煮牛奶，但在這裡改用煉乳讓製作過程變得更簡單。

材料（2人份）

草莓（去除蒂頭後切成4等分）	160g
煉乳	80g
鮮奶油	80g
開心果（切碎）	少許

作法

1

將草莓、煉乳、鮮奶油放入調理機攪打，倒入布丁模具等容器中後冷凍。

2 脫模後盛入容器中，放上開心果點綴。

椰奶燉米布丁
RICE PAYASAM

「Payasam」是用椰子和粗糖製作、南印度地區的甜點湯品。除了米也可以用豆子或木薯澱粉、麵等製作。不管冷或熱的都好吃，是會讓人覺得很療癒的美味。

材料（2人份）

無洗米	50g
水	400g
椰奶	100g
黍砂糖	100g
小荳蔻粉	2g

【配料】

腰果	10g
葡萄乾	5g
奶油	少許

作法

1

秤量鍋子的重量。將米和水放入鍋中加熱，熬煮至呈粥狀（煮好時以300g為基準）。

2

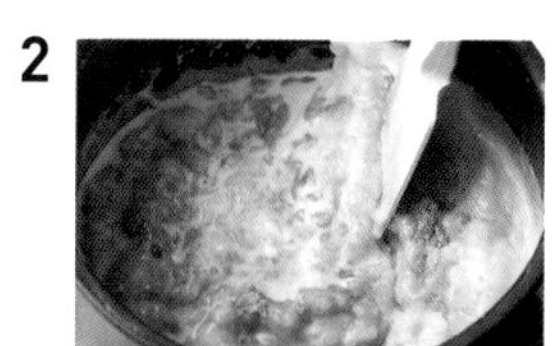

將剩下的材料加入後混合攪拌。大略放涼後，移到冰箱冷藏。

3

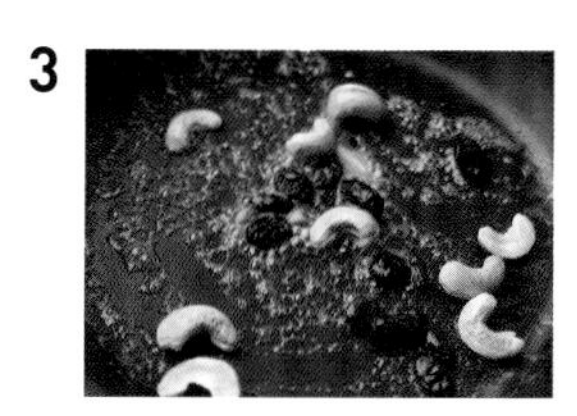

在平底鍋中放入奶油加熱至融化，放入腰果和葡萄乾後稍微拌炒一下。放在盛入容器中的❷上當作配料點綴。

後記

日本人非常喜歡咖哩，
而印度咖哩除了是一種料理類型，
同時也是在印度經年累月、
歷經很長一段時間而孕育出的寶貴文化。
不管是在製作或享用這些料理之時，
對於深遠悠久的印度飲食文化
抱持著尊敬之心非常重要。
想要完整享受印度咖哩的美好滋味，
我認為這正是最重要的態度。

FINALLY.

店鋪介紹

南印度料理專賣店「ERICK SOUTH」在2011年於東京車站八重洲地下街開了第一家店。現在以東京為主，在日本全國共開了11家店，堪稱是掀起當今南印度料理與印度香飯熱潮的關鍵。在每家店鋪中，堅持追求呈現出當地的正統風味，同時為了讓客人享受「更親近、更有樂趣」的體驗，也推出符合日本人味蕾的料理。包括可以品嚐多種咖哩的定食，還有包括印度香飯等可以在晚餐時段搭配酒一起享用的多樣美味餐點。不管白天或夜晚，都可以在此沉浸於各種香辛料的風味。此外，在家中就能輕鬆品嚐到「ERICK SOUTH」風味的網路商店也很受歡迎。

東京

【八重洲店】
東京都中央区八重洲2-1
八重洲地下街4号（八重洲地下2番通り）
電話 03-3527-9584
營業時間 平日11:00～22:00（21:30 L.O.）
週六、日、國定假日11:00～21:30（21:00 L.O.）
公休日 無

【東京Garden Terrace店】
東京都千代田区紀尾井町1-3
東京ガーデンテラス紀尾井町2階
電話 03-6272-5529
營業時間 11:00～15:00（14:30 L.O.）
17:00～22:00（21:00 L.O.）
公休日 週日

【虎之門Hills店】
東京都港区虎ノ門1-17-1
虎ノ門ヒルズ ビジネスタワー地下1階
電話 03-6811-2330
營業時間 11：00～21:00（20:30 L.O.）
公休日 無

【高圓寺CURRY & BIRYANI CENTRE】
東京都杉並区高円寺南4-49-1
電話 03-5356-8803
營業時間 11:30～15:00（14:30 L.O.）
17:00～22:00（21:30 L.O.）
公休日 週三

【MASALA DINER神宮前】
東京都渋谷区神宮前6-19-17 GEMS神宮前5階
電話 03-5962-7888
營業時間 11:30～15:00（14:30 L.O.）
17:30～22:00（21:30 L.O.）
公休日 週二

網路商店

https://www.erickcurry.jp

名古屋、岐阜

【KITTE名古屋店】
愛知県名古屋市中村区名駅一丁目1-1 地下1階
電話 052-433-1780
營業時間 11:00～23:00（22:00 L.O.）
公休日 元旦（1月1日）

【則武新町店】
愛知県名古屋市西区則武新町3-1-17
イオンモールNagoya Noritake Garden 1階
電話 052-526-6949
營業時間 10:00～21:00（20:30 L.O.）
公休日 依商業設施的營業時間為主

【金山CURRY & BIRYANI CENTRE】
愛知県名古屋市熱田区金山町1-1-18
ミュープラット金山2階
電話 052-228-3688
營業時間 11:00～23:00（22:00 L.O.）
公休日 依商業設施的營業時間為主

【岐阜AG店】
岐阜県岐阜市橋本町1-10-1 アクティブG2階
電話 058-269-4121
營業時間 11:00～15:00（14:30 L.O.）
17:00～21:00（20:30 L.O.）
公休日 依商業設施的營業時間為主

大阪

【西天滿店】
大阪府大阪市北区西天満4-1-9 ニュー若松ビル1階
電話 06-6585-0408
營業時間 11:30～15:00（14:30 L.O.）
外帶、商品販售11:30～15:00
公休日 週一

【GRAND FRONT大阪店】
大阪府大阪市北区大深町4-20
グランフロント大阪 南館地下1階
電話 06-6136-7004
營業時間 11:00～22:00（21:30 L.O.）
公休日 依商業設施的營業時間為主

2024年4月10日前的營業時間資訊。

稻田俊輔

南印度料理專賣店「ERICK SOUTH」的總主廚。曾經在飲料公司就業，後來和朋友一起開設餐飲公司「ENSO FOOD SERVICE」。以日本料理為主，還參與企劃許多不同類型的餐廳。2011年在東京車站八重洲地下街開設了「ERICK SOUTH」。現在於東京、名古屋、岐阜、大阪共有11家店，網路商店也非常受歡迎。著有《南印度料理店主廚親授 只要15分鐘！道地印度咖哩》、《極簡主義料理》（以上皆為日本柴田書店出版）、《活用極致特色風味 香料完全指南》（日本西東社出版）、《一本看懂人氣餐飲連鎖店的真實力》（日本扶桑社新書出版）、《都是些好吃的東西》（日本Little More出版）、《廚房正在呼喚我！》（日本小學館出版）等，從料理書至小說都有涉獵。以「イナダシュンスケ」為名在X（@inadashunsuke）發文也很受歡迎。致力於從各種角度為美食的世界帶來歡樂與話題。

日文版STAFF
攝影／西山航（世界文化ホールディングス）
設計／河内沙耶花（mogmog Inc.）
造型統籌／岡田万喜代
調理協力／小畑雪菜、荒木雄登、今西裕也
校對／株式会社円水社
DTP製作／株式会社明昌堂
編輯部／原田敬子

主廚精研重現道地辛香
經典印度咖哩食譜

2024年5月1日初版第一刷發行

作　　者　稻田俊輔
譯　　者　黃嫣容
編　　輯　曾羽辰
美術編輯　許麗文
發 行 人　若森稔雄
發 行 所　台灣東販股份有限公司
<地址>台北市南京東路4段130號2F-1
<電話>(02) 2577-8878
<傳真>(02) 2577-8896
<網址>http://www.tohan.com.tw
郵撥帳號　1405049-4
法律顧問　蕭雄淋律師
總 經 銷　聯合發行股份有限公司
<電話>(02) 2917-8022

國家圖書館出版品預行編目(CIP)資料

經典印度咖哩食譜：主廚精研重現道地辛香 / 稻田俊輔著；黃嫣容譯. -- 初版. -- 臺北市：臺灣東販股份有限公司, 2024.05
144面；18.8×25.7公分
ISBN 978-626-379-369-9 (平裝)

1.CST: 香料 2.CST: 食譜

427.1　　113004603

"ERICK SOUTH" INADA SHUNSUKE NO OISHII RIYU.
INDO CURRY NO KIHON, KANZEN RECIPE